CAITU XIANGJIE
DIANGONG CAOZUO JIQIAO

彩图详解

电工操作

技巧

张玉　孙雅欣　主编

中国电力出版社
CHINA ELECTRIC POWER PRESS

内 容 提 要

本书结合电工工作实际，采用大量的彩色实物照片，讲解了电气设备的安装、使用和维修技能与技巧。本书最大限度地考虑初学者的学习特点，采用大量实物图、电路图解析，并辅以专家提示，便于初学者全面理解和快速记忆。

本书内容包括常用电工工具的操作技巧，常用电工仪表的操作技巧，低压电器和高压电器的安装和检测技巧，电子元器件的识读和检测技巧，电工操作基本技能，架空电力线路安装和检测技巧，变压器安装、运行、维护和检修技巧，电动机、拆装与检修技巧，室内配电和照明装置的安装技巧，安全用电等内容。

本书可供电工、电气技术人员、维修电工、工厂及农村电工以及电气爱好者阅读，也可作为再就业培训、高职高专、中等教育及维修培训班作为教材使用。

图书在版编目（CIP）数据

彩图详解电工操作技巧 / 张玉，孙雅欣主编 . —北京：中国电力出版社，2019.8
ISBN 978-7-5198-3272-8

Ⅰ . ①彩… Ⅱ . ①张…②孙… Ⅲ . ①电工技术 – 图解 Ⅳ . ① TM-64

中国版本图书馆 CIP 数据核字（2019）第 115666 号

出版发行：中国电力出版社
地　　址：北京市东城区北京站西街 19 号（邮政编码 100005）
网　　址：http://www.cepp.sgcc.com.cn
责任编辑：杨　扬（y-y@sgcc.com.cn）
责任校对：黄　蓓　马　宁
装帧设计：王红柳
责任印制：杨晓东

印　　刷：三河市航远印刷有限公司
版　　次：2019 年 8 月第一版
印　　次：2019 年 8 月北京第一次印刷
开　　本：787 毫米 ×1092 毫米　16 开本
印　　张：14
字　　数：324 千字
印　　数：0001–3000 册
定　　价：69.00 元

前 言
PREFACE

电工是特种工作人员,电工作业必须符合安全技术操作规程,履行岗位职责。要想正确地安装、使用和维修电气设备,就必须具有一定的理论知识和较强的动手能力。为了帮助广大初学者在较短时间内真正掌握电工基本操作技能与技巧,特编写本书。

本书内容包括常用电工工具的操作技巧,常用电工仪表的操作技巧,低压电器和高压电器的安装和检测技巧,电子元器件的识读和检测技巧,电工操作基本技能,架空电力线路安装和检测技巧,变压器安装、运行、维护和检修技巧,电动机、拆装与检修技巧,室内配电和照明装置的安装技巧,安全用电等内容。

本书注重如何使初学者能够快速地理解和掌握书中的内容,即更加注重书的易读性和可读性。故在编写过程中,力求突出"图解""技巧"两大特色。本书的特点如下:

1. 内容丰富,技术全面

本书以电工操作技能与技巧为主线,主要内容包括电工操作基础,电气设备的安装、检测与维修等,内容全面、丰富,操作性很强。

2. 操作实训,积累经验

本书密切结合生产实际,突出实用,书中列举了大量实例,可便于读者快速掌握和运用。大量图片,特别是实景照片的运用,让读者有亲临现场之感。

3. 全部图解,轻松掌握

本书在表现形式上,通过仿真图、数码照片、示意图、电路图等,将维修过程中难以用文字表述的知识内容、结构特点和实际检测方法等生动地展示出来,真正达到"以图代解"和"以解说图"的效果。

本书由张玉、孙雅欣主编,参加编写的还有李艳丽、王佳、薛秀云、谭连枝、张旭、孙兰、马亮亮、马娟、冯志刚、孙会敏、李换、石超、薛巧、杨易锋、刘彦楠、冯丹丹等。本书可供电工、电气技术人员、维修电工、工厂及农村电工以及电气爱好者阅读,也可作为再就业培训、高职高专和中等教育以及维修短训班教材使用。

由于作者水平有限,书中难免出现遗漏和不足之处,恳请读者朋友提出宝贵意见和真诚的批评。

编者

目　录
CONTENT

第 1 章
常用电工工具的操作技巧

第 1 节　电工工具的操作技巧

1　试电笔

试电笔有感应式和电子式两种。它是用来检测低压电路和电气设备是否带电的低压测试器。检测电压范围为 60 ~ 500V。试电笔如图 1-1 所示。

图 1-1　试电笔

操作技巧 A：检修电动机时，若怀疑机壳带电，应按电子式试电笔的感应键，氖管发光为带电，氖管亮度越强，电动机机壳漏电越严重。操作方法如图 1-2 所示。

操作技巧 B：检测电源插座时，将感应式试电笔笔尖接触插座内的导电片，手指按下笔帽上端的金属部分，如图 1-3 所示，若氖管亮光，则表明通电，否则无电。由于氖管亮度较低，应避光，以防误判。

图 1-2　试电笔的操作方法

图 1-3　感应式试电笔的操作方法

2　电工刀和剥线钳

（1）电工刀的操作技巧。电工刀可用来削下电线、电缆上的绝缘层。使用时，刀面应与导线成 45°，以免割坏导线。电工刀如图 1-4 所示。

（2）剥线钳的操作技巧。剥线钳可用来剥落小直径导线的绝缘层。使用时应将待剥导线放入适当的刀口中，然后用力握紧钳柄。剥线钳如图 1-5 所示。

1

图 1-4 电工刀

图 1-5 剥线钳

3 螺钉旋具和开口扳手

（1）螺钉旋具的操作技巧。螺钉旋具又叫改锥，是旋紧或旋松有槽口螺钉的工具，螺钉旋具有一字形和十字形两种。螺钉旋具如图 1-6 所示。

（2）开口扳手的操作技巧。开口扳手有双头和单头两种。它可用来拆装一般标准规格的螺母和螺栓，使用方便，可直接插入或上下套入。开口扳手如图 1-7 所示。

图 1-6 螺钉旋具　　　　　　　　　　　　　　图 1-7 开口扳手

4 梅花扳手和套筒扳手

（1）梅花扳手的操作技巧。梅花扳手的两端是套筒式的，套筒的内壁上有等分的 12 个棱角，能将螺母或螺栓的头全都围住。梅花扳手可在活动范围较小的场合工作，适用于拆装位置受限制的螺母或螺栓。梅花扳手如图 1-8 所示。

（2）套筒扳手的操作技巧。套筒扳手由套筒、手柄、连接杆和接头等组成。套筒扳手用于拆装位置狭小、特别隐蔽的螺母、螺栓。工作中可根据需要选用各种不同规格的套筒和手柄，因此它的用途更广泛，工作效率更高。在每个套筒的圆柱面上都有数字，表示套筒的规格大小。套筒扳手的型号一般以每套扳手的件数来表示，有 13、17、24、28 件等几种。套筒扳手如图 1-9 所示。

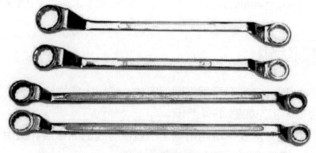

图 1-8 梅花扳手

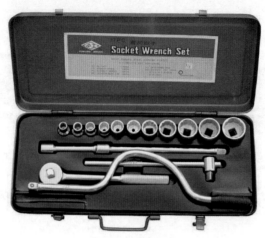

图 1-9　套筒扳手

5　活动扳手和内六方扳手

（1）活动扳手的操作技巧。活动扳手常用的有 4in（102mm）、6in（152mm）、8in（203mm）等几种规格。活动扳手开口的宽度可在一定范围内调整，应用范围广，特别是在遇到不规格的螺母或螺栓时更能发挥作用。活动扳手如图 1-10 所示。

（2）内六方扳手的操作技巧。内六方扳手是用来拆装内六角头螺栓的。使用时将内六方扳手的一端插入内六角螺栓头部的六方形孔内，扳动另一端。如果力矩不够，可加接套管，但用力必须均匀。内六方扳手如图 1-11 所示。

图 1-10　活动扳手

图 1-11　内六方扳手

6　尖嘴钳和钢丝钳

（1）尖嘴钳的操作技巧。尖嘴钳的夹口为尖形，可以夹住一些安装部位较深的零部件。它的规格以长短为表示，常见的有 130、150、180mm 等几种。尖嘴钳如图 1-12 所示。

（2）钢丝钳的操作技巧。钢丝钳又叫老虎钳。它既可剪断较粗的钢丝和铁丝，又可夹紧并扭动

专 家 提 示

尖嘴钳的夹口带韧性，不可用来夹持操作力较大的零件，更不应用它进行敲、撬等，否则易将夹口弄弯。

零部件。其规格也是以长短来表示的，常见的规格有 150、200、250mm 等。钢丝钳的夹持能力较大，但必须注意其夹持的部位会出现夹口印痕。钢丝钳如图 1-13 所示。

图 1-12　尖嘴钳

图 1-13　钢丝钳

第2节　电工线路安装工具的操作技巧

7　錾子

錾子是用钢性材料制作，用来切割金属的工具。

使用錾子时应注意以下几点：

（1）防止锤头飞出。

（2）使用时应及时磨掉錾子头部的毛刺。

（3）操作者应戴上防护眼镜，工作地周围应装有安全网。

（4）经常对錾子进行刃磨，保持正确的后角，錾削时防止錾子滑出工件表面。

錾子的外形如图 1-14 所示。

操作技巧：绕组损坏需要拆卸时，应用錾子借助锤子在绕组与铁芯端部处切断绕组，如图 1-15 所示，有助于绕组从线槽中拉出。錾子是冷拆绕组常用的工具之一。

图 1-14　錾子的外形

绕组端面

錾子

图 1-15　用錾子借助锤子在绕组与铁芯端部
处切断绕组

8　冲击钻

冲击钻依靠旋转和冲击来工作。单一的冲击是非常轻微的，但每分钟 40000 多次的冲击频率可产生连续的力。可用于天然的石头或混凝土。冲击钻工作时在钻头夹头处有调节旋钮，可调普通手电钻和冲击钻两种方式。但是冲击钻是利用内轴上的齿轮相互跳动来实现冲击效果，冲击力远远不及电锤。它不适合钻钢筋混凝土。冲击钻的外形如图 1-16 所示。

图 1-16　冲击钻的外形

正确的使用方法：

（1）操作前必须查看电源是否与电动工具上的常规额定 220V 电压相符，以免错接到 380V 的电源上。

（2）使用冲击钻前请仔细检查机体绝缘防护、辅助手柄及深度尺调节等情况，冲击钻有无螺钉松动现象。

（3）冲击钻必须按材料要求装入 $\phi6\sim\phi25$mm 允许范围的合金钢冲击钻头或打孔通用钻头。严禁使用超越范围的钻头。

（4）冲击钻导线要保护好，严禁满地乱拖，防止轧坏、割破，更不准把电线拖到油水中，防止油水腐蚀电线。

（5）使用冲击钻的电源插座必须配备漏电开关装置，并检查电源线有无破损现象，使用当中发现冲击钻漏电、振动异常、高热或者有异声时，应立即停止工作，找电工及时检查修理。

（6）冲击钻更换钻头时，应用专用扳手及钻头锁紧钥匙，杜绝使用非专用工具敲打冲击钻。

（7）使用冲击钻时切记不可用力过猛或出现歪斜操作，事前务必装紧合适钻头并调节好冲击钻深度尺，垂直、平衡操作时要徐徐均匀的用力，如图 1-17 所示，不可强行使用超大钻头。

（8）熟练掌握和操作顺逆转向控制机构、松紧螺钉及打孔攻牙等功能。

图 1-17　冲击钻钻头应与墙面垂直

9　电锤

（1）电锤的特点。电锤是附有气动锤击机构的一种带安全离合器的电动式旋转锤钻。电锤是利用活塞运动的原理，压缩气体冲击钻头，不需要手使多大的力气，可以在混凝土、砖、石头等

硬性材料上开 $\phi6\sim\phi100$mm 的孔，电锤在上述材料上开孔效率较高，但它不能在金属上开孔。电锤的外形如图 1-18 所示。

图 1-18　电锤的外形

图 1-19　电锤的操作技巧

（2）电锤的操作技巧。电锤的操作技巧如图 1-19 所示。

1）在使用前空转 1min，检查电锤各部分的状态，待转动灵活无障碍后，装上钻头开始工作。

2）装上钻头后，最好先将钻头顶在工作面上再开钻，避免空打使锤头受冲击影响，装钻头时，只要将杆插进锤头孔，锤头槽内圆柱自动挂住钻杆便可工作。若要更换钻头，将弹簧头轻轻往后一拉，钻头即可拔出。

3）电锤不仅能向下钻孔，也能向各个方向钻孔。向下钻孔时，只要双手紧握两个手柄，向下不需要用力。向其他方向钻孔时只要稍许加力即可。用力过大则对钻孔速度、钻头寿命等都有害无益。

4）辅助手柄上的定位杆是对钻孔深度有一定要求时采用的，当钻孔安装膨胀螺栓时，可用定位杆来控制钻孔的深度。

5）在操作过程中，如有不正常的声音和现象，应立即停机，切断电源检查。若连续使用时间太长，电锤过热，也应停机，让其在空气中冷却后再使用，切不可用水喷浇冷却。

（3）电锤的常见故障。

1）电气故障。电锤电气故障，主要有断路、短路、接地和转子换向环火花大。

断路的故障大部分是皮线断，其中皮线在把手的根部断最为常见，这样的断线有一个特点，就是将电锤的电源线接到万用表的电阻挡上，将开关按下，用手活动皮线的根部，万用表的读数会发生变化，另外就是插头的根部也容易断，开关坏的情况也不少，开关用万用表就很好检查。碳刷接触不良也可造成断路，检查碳刷接触不良的方法有两种：第一种观察碳刷的端面，如是光滑的则接触良好，如是麻面的则接触不良。另外一种检查方法就是将万用表的表笔接到电动机出线端，用两把螺钉旋具同时压到刷窝和转子上，此时如导通，说明电动机无故障，上碳刷后不通，说明碳刷接触不良。定子耳环烧断，也可造成电动机断路。

转子有时也断路，特点是将电源线接到万用表上，慢慢转动转子，读数会有很大的变化。接地一般是由定子、转子擦铁造成的，擦铁的需换定子、转子，另外一种是进水或受潮引起的，干燥一下就可以了。转子火花大一般都是转子故障引起的，需更换转子，转子更换后要观察是否有擦铁现象，擦铁严重的开机时有哽哽的声音，擦铁轻的工作时间长了会有焦煳味，电流也随之上升，造成擦铁的原因有固定定子的螺钉松动、轴承座过松、定子壳变形和轴承损坏等。

2）机械故障。电锤机械部分故障最主要的原因是不冲击和冲击无力，不冲击的最主要原因就是活塞和冲锤上的胶圈老化，将大气缸竖起来，口朝下，如冲锤能自由落下，那胶圈一定是老化了，胶圈老化在工作时能够听到活塞和冲锤相互撞击的声音，拆机后能发现活塞和冲锤的端面发亮，冲击籽短也可造成不冲击（可与新的冲击籽比较一下）。无油也可能造成冲击无力。如上述情况都正常还没有冲击，那就一定要好好观察大气缸看是否有裂纹，有裂纹的需换掉。

如开机后电动机转，锤头转而听不到压缩的声音有可能是连杆断或偏心轮断。如开机后电动机转，锤头不转也无压缩的声音有可能是一级轮损坏或转子的轴断。再有就是锥齿坏表现为转进无力或根本不转。

还有一种现象恳请大家注意，就是键断裂，当我们检查齿轮和轴的配合时，由于强烈的摩擦轴和齿轮胶和在一起，不易发现键的断裂，但带上负载后就无法正常工作。

在换新件之前，一定要把故障点内的脏物和油污处理干净，以便我们能够发现其他的故障。

中间盖内的滚针轴承一定要用好的，如用次品，损坏后，可连带将一级轮和转子的轴都易损坏。

10 紧线器

（1）紧线器的外形。紧线器，又叫棘轮收紧器，是在架空线路敷设施工中作为拉紧导线用的。紧线器的外形如图 1-20 所示。

图 1-20　紧线器的外形

（2）紧线器的操作技巧。紧线器的操作技巧如图 1-21 所示。使用时先把紧线器上的钢丝绳或镀锌铁线松开，并固定在横担上，用夹线钳夹住导线，然后扳动专用扳手。由于棘爪的防逆转作用，逐渐把钢丝绳或镀锌铁线绕在棘轮滚筒上，使导线收紧。把收紧的导线固定在绝缘子上。然后先松开棘爪，使钢丝绳或镀锌铁线松开，再松开夹线钳，最后把钢丝绳或镀锌铁线绕在棘轮的滚筒上。紧线器是在线轴上面使用了棘轮，只能朝一个方向旋转。省力的原因在于可以通过扳手形成加力臂。

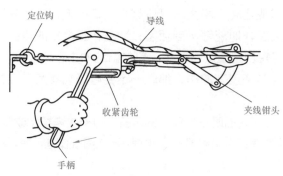

图 1-21　紧线器的操作技巧

第 3 节　电工登高工具的操作技巧

11 梯子

梯子是日常生活用具，该工具由两根长粗杆子做边，中间横穿适合攀爬的横杆，用于爬高，梯子分为升降单梯和升降人字梯。梯子的外形如图 1-22 所示。

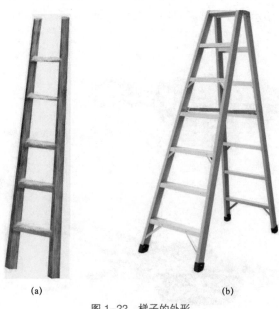

(a)　　　　　　　　　　　　(b)

图 1-22　梯子的外形
(a) 单梯；(b) 人字梯

12 升降板

（1）升降板的特点。升降板又称登高板或踏板，用来攀登电杆。升降板由脚板、绳索、铁钩组成。脚板由坚硬的木板制成，绳索为 16mm 多股白棕绳或尼龙绳，绳两端系结在踏板两头的扎结槽内，绳顶端系结铁挂钩，绳的长度应与使用者的身材相适应，一般在一人一手长左右。踏板和绳均应能承受 300kg 的质量。升降板的外形如图 1-23 所示。

图 1-23　升降板的外形

（2）登高板登杆和下杆的操作技能。

1）登杆。登杆时将一只登高板背在身上（钩子朝电杆面，木板朝人体背面），左手握绳、右手持钩，从电杆背面适当位置绕到正面并将钩子朝上挂稳，右手收紧（围杆）绳子并抓紧上板两根绳子，左手压紧踩板左边绳内侧端部，右脚登在板上，左脚上板绞紧左边绳，第二板从电杆背面绕到正面并将钩子朝上挂稳，右手收紧（围杆）绳子并抓紧上板两根绳子，左手压紧踩板左边绳内侧端部，右脚登上板，左脚蹬在杆上，左大腿靠近升降板，右腿膝肘部挂紧绳子，侧身、右手握住下板钩脱钩取板，左脚上板绞紧左边绳，依次交替进行完成登杆工作。如图 1-24 所示。

图 1-24　登杆任务完成

2）下杆。下杆时先把上板取下，钩口朝上，在大腿部对应杆身上挂板，左手握住上板左边绳，右手握上板绳，抽出左腿，侧身、左手压等高板左端部，左脚蹬在电杆上，右腿膝肘部挂紧绳子并向外顶出，上板靠近左大腿。左手松出，在下板挂钩 100mm 左右处握住绳子，左右摇动使其围杆下落，同时左脚下滑至适当位置登杆，定住下板绳（钩口朝上），左手握住上板左边绳（右手握绳处下），右手松出左边绳，只握右边绳，双手下滑，同时右脚下上板、踩下板，左腿绞紧左边绳、踩下板，左手扶杆，右手握住上板，向上晃动松下上板，挂下板，依次交替进行完成下杆工作。

（3）操作注意事项。

1）踏板使用前，要检查踏板有无裂纹或腐朽，绳索有无断股。

2）踏板挂钩时必须正钩，钩口向外、向上，切勿反勾，以免造成脱钩事故。

3）登杆前，应先将踏板钩挂好使踏板离地面 15 ~ 20cm，用人体作冲击载荷试验，检查踏板有无下滑、是否可靠。

4）上杆时，左手扶住钩子下方绳子，然后必须用右脚（哪怕左撇子也要用右脚）脚尖顶住水泥杆踏上另一只脚，防止踏板晃动，左脚踏到左边绳子前端。

5）为了保证在杆上作业使身体平稳，不使踏板摇晃，站立时两腿前掌内侧应夹紧电杆。

13 脚扣

（1）脚扣的特点。脚扣是套在鞋上爬电杆用的一种弧形铁制工具。脚扣主要有水泥杆脚扣和木杆脚扣，又分三角管脚扣和圆管脚扣。木杆脚扣主要适用于电力、邮电线路混凝土杆或钢管塔登高用。水泥杆脚扣适用于电力、邮电线路水泥杆登杆。脚扣的外形如图 1-25 所示。

(a)   (b)

图 1-25　脚扣的外形
(a) 水泥杆脚扣；(b) 木杆脚扣

图 1-26　脚扣的操作

（2）脚扣操作技巧。首先学会安全带扣的打结方法，系好安全带，脚扣使用前无外观变形、裂痕，登杆前要检查杆根、拉线、杆身符合技术要求，脚扣试登，即脚扣、安全带冲击脚扣的使用方法如下：

1）穿脚扣时，脚扣的绑带收了跟自己的脚一样大小，适合自己脚，以防掉落。

2）上下杆前，脚扣应调整与杆一样大小，这样才能很好地上下杆。

3）上下杆时，脚和脚扣一定要抬平，这样才能放进去，放进去的同时脚向外往下踩，这样才能卡紧，才不会顺杆滑落。脚扣的操作如图 1-26 所示。

（3）脚扣的操作使用注意事项。

1）安全绳使用前必须做一次检查，发现破损停止使用，配戴时活动卡子系紧，不可接触明火和化学物品。

2）安全绳经常保持清洁，用完后妥善存放，弄脏后可用温水及肥皂水清洗，在荫凉处晾干，不可用热水浸泡或日晒火烧。

3）使用一年后，要做全面检查，并抽出使用过的 1% 做拉力试验，以各部件无破损或重大变形为合格（抽试过的不得再次使用）。

14 安全带

（1）安全带的特点。安全带是高处作业工人预防坠落伤亡事故的个人防护用品，被广大电工誉为救命带。安全带由带子、绳子和金属配件组成，总称安全带。安全带的外形如图 1-27 所示。

（2）安全带操作技巧。

1）安全带应系在腰下面、臀部上面的胯部位，如图 1-28 所示。

图 1-27　安全带的外形

图 1-28　安全带操作

2）安全带的小皮带系紧，这样在高处作业时，腰部不易受伤。

3）安全带要高挂低用，注意防止摆动碰撞。使用 3m 以上长绳应加装缓冲器，自锁钩用吊绳例外。

4）使用中的安全带及后备绳应挂在结实牢固的构件上并要检查是否扣好。安全绳要系在同一作业面上，禁止挂在移动及带尖锐角不牢固的物件上，严禁低挂高用。

5）使用中的安全带及后备绳的挂钩锁扣必须在锁好位置。

6）由于作业的需要，安全绳超过 3m 应加装缓冲器，这样一旦发生高处坠落，能减少 1/4 的冲击力，或者采用自锁加速差式自控器可以使坠落冲击距离限制在 1.5m 以内。

7）缓冲器、速差式装置和自锁钩可以串联使用。

8）不准将绳打结使用，也不准将钩直接挂在安全绳上使用，应挂在连接环上用。

第4节 电工焊接工具的操作技巧

15 电烙铁

（1）内热式电烙铁的操作技巧。内热式电烙铁体积小、质量轻、发热快，热效率高达85%以上。其发热元件（烙铁芯）用镍铬电阻丝绕在瓷管上制成，并安装在烙铁头的内部，因此称作内热式电烙铁。内热式电烙铁如图1-29所示。

图1-29 内热式电烙铁

专家提示

内热式电烙铁的价格相对较低，但烙铁芯的寿命较短，不宜长时间通电，一般应常备一些电烙铁芯，以便损坏时更换。

（2）外热式电烙铁的操作技巧。外热式电烙铁的体积相对较大，发热速度及效率较低。烙铁头用铜合金制成，安装在烙铁芯内，由螺钉固定，并可通过调整烙铁头的长短来改变其表面温度（烙铁头外露部分越短，其温度越高）。外热式电烙铁如图1-30所示。

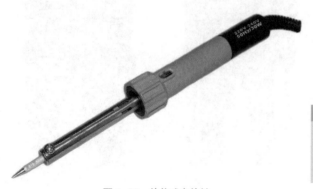

图1-30 外热式电烙铁

专家提示

外热式电烙铁的铁芯体积较大，其寿命比内热式电烙铁长。

16 焊锡丝和助焊剂

（1）焊锡丝的操作技巧。焊锡丝是最基本的焊接材料，由锡、铅等低熔点的金属合成，标准的熔点是183℃，适用于低温焊接。焊锡丝如图1-31所示。

（2）助焊剂使用技巧。在一般焊接中常使用松香作为助焊剂。松香在加热后产生一种松香酸，能有效防止焊锡氧化，使焊点饱满光滑，避免虚焊、堆焊现象。目前多数焊锡丝均含有松香，助焊剂如图1-32所示。

专家提示

在局部焊接时，无需单独使用松香。通常在电烙铁的烙铁头镀锡或对元器件引脚镀锡时都使用松香。

图 1-31 焊锡丝

图 1-32 助焊剂

第 5 节　绝缘安全用具的使用技巧

17　绝缘手套和绝缘胶鞋

（1）绝缘手套的使用技巧。绝缘手套是一种用橡胶制成的五指手套，主要用于电工作业，具有保护手或人体的作用。可防电、防水、耐酸碱、防化、防油。

带电作业用绝缘手套是个体防护装备中绝缘防护的重要组成部分。随着电力工业的发展，带电作业技术的推广，对带电作业用绝缘手套使用安全性提出了更加严格的要求。但是当前市场上生产、经销、使用的绝缘手套及带电作业用绝缘手套执行标准比较混乱。绝缘手套的外形如图 1-33 所示。

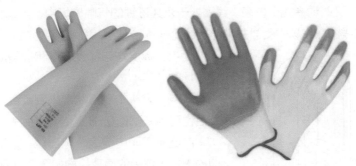

图 1-33　绝缘手套的外形

（2）绝缘胶鞋的使用技巧。绝缘胶鞋是劳保鞋的一种，内底和外底之间有绝缘层，可耐规定电压，绝缘性能可靠，供电工穿用的劳动保护鞋。有布面胶鞋和胶面胶鞋（靴）两种。前者结构和解放鞋相似，后者结构类似中、高筒雨鞋。制作方法同布面胶鞋和胶面胶鞋。可于一定交流电压下测定其电阻等绝缘性能。绝缘胶鞋的外形如图 1-34 所示。

图 1-34　绝缘胶鞋的外形

第2章
常用电工仪表的操作技巧

第1节　常用电工仪表的基础知识

1　电工仪表的分类和结构原理

电工仪表按测量对象不同可分为电流表（安培表）、电压表（伏特表）、功率表（瓦特表）、电能表（千瓦时表）、万用表等；按仪表工作原理的不同分为磁电系、电磁系、电动系、感应系等；按被测电量种类的不同分为交流表、直流表、交直流两用表等；按使用性质和装置方法的不同分为固定式（开关板式）、携带式和智能式；按误差等级不同分为0.1级、0.2级、0.5级、1.0级、1.5级、2.5级和5.0级共七个等级。数字越小，仪表的误差越小，准确度等级较高。

（1）磁电式（又叫动圈式）仪表。线圈处于永久磁铁的气隙磁场中，当线圈中有被测电流流过时，通有电流的线圈在磁场中受力并带动指针而偏转。当与弹簧反作用力矩平衡时，便获得读数。

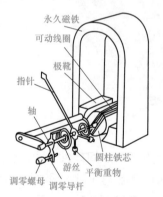

图2-1　磁电式（又叫动圈式）仪表的原理结构

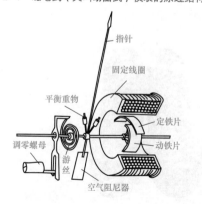

图2-2　电磁式（又叫动铁式）仪表的原理结构

优点：标度均匀、灵敏度和准确度较高、读数受外界磁场的影响小。

缺点：表头本身只能用来测量直流（当采用整流装置后也可用来测量交流）、过载能力差。

广泛应用于电流表、电压表、万用表。磁电式（又叫动圈式）仪表的原理结构如图2-1所示。

（2）电磁式（又叫动铁式）仪表。在线圈内有1块固定铁片和1块装在转轴上的动铁片，当线圈中有被测电流通过时，定铁片和动铁片同时被磁化，并呈同一极性。由于同性相斥的缘故，动铁片便带动转轴一起偏转。当与弹簧反作用力矩平衡时，便获得读数。

优点：适用于交、直流测量，过载能力强，可无需辅助设备而直接测量大电流，可用来测量非正弦量的有效值。

缺点：标度不均匀、准确度不高、读数受外磁场影响。

广泛应用于配电盘，作变化不大的电压和电流指示。电磁式（又叫动铁式）仪表的原理结构如图2-2所示。

（3）电动式仪表。仪表由固定线圈和活动线圈所组成。当它们通有电流后，由于载流导体磁场间的相互作用（或者载流导体间的相互作用），因而使活动线圈偏转。

当与弹簧反作用力矩平衡时，便获得读数。

优点：适用于交、直流测量，灵敏度和准确度比用于交流的其他型式仪表要高，可用来测量非正弦量的有效值。

缺点：标度不均匀、过载能力差、读数受外磁场影响大。

广泛应用于频率表、功率表、相位表及交、直流电压和电流表。

电动式仪表的原理结构如图 2-3 所示。

（4）铁磁电动式仪表。作用原理基本上同电动式仪器，只是通有电流的活动线圈是在励磁线圈（绕在衔铁上的固定线圈）的磁场中受力偏转。当与弹簧反作用力矩平衡时，便获得读数。它是为消除外界磁场对电动式仪表读数的影响和增加仪表的偏转力矩而由电动式仪表改变而成的。

优点：适用于交、直流测量，有较大的转动力矩，较其他类型仪表耐振动，受外界磁场影响小，可做成广角度的表。

缺点：标度不均匀、准确度较低。广泛应用于频率表、功率表、功率因数表。铁磁电动式仪表的原理结构如图 2-4 所示。

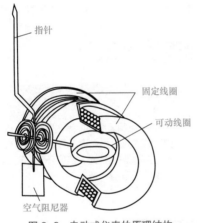

图 2-3　电动式仪表的原理结构

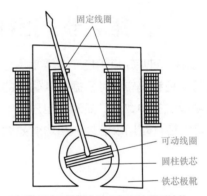

图 2-4　铁磁电动式仪表的原理结构

（5）感应式仪表。仪表由 1 个或数个绕在铁芯上的线圈和铝盘组成。当线圈中通有交流电时，在气隙中便产生交变磁通。铝盘在交变磁通的作用下，感应产生涡流，此涡流在交变磁通的磁场中受力，于是使铝盘转动。由于制动磁铁和可动部分的铝盘相互作用产生了制动力矩，它和转速成比例，当转动力矩和制动力矩大小相等、方向相反时转速达到平衡。

优点：转矩大、过载能力强、受外界磁场影响小。

缺点：只能用于一定频率的交流电，准确度较低。

广泛应用于电能表。

感应式仪表的原理结构如图 2-5 所示。

（6）流比计（又叫比率计）仪表。在同一根转轴上装有两只交叉的线圈，两线圈在磁场（磁电式流比计磁场由永久磁铁建立，电动式流比计磁场由另 1 个线圈建立）中所受的作用力矩相反。其偏转决定于 2 个线圈中流过的电流之比值 I_1/I_2，故叫流比计。因为这种仪表没有反作用力弹簧，不用时指针可停在任意位置。

优点：具有磁电式和电动式的某些优点；可做成多种类型的仪表，例如绝缘电阻表、相位表、频率表等；能消除外界的影响（如电压、频率的波动等）。

缺点：标度不均匀、过载能力差。

广泛应用于绝缘电阻表、相位表和频率表。

流比计（又叫比率计）仪表的原理结构如图 2-6 所示。

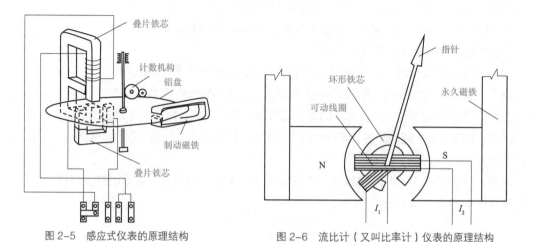

图 2-5　感应式仪表的原理结构　　　　图 2-6　流比计（又叫比率计）仪表的原理结构

第 2 节　指针万用表使用技巧

指针万用表也叫模拟万用表，测量时，由于电流的作用而使指针偏转，可根据指针偏转的角度来表示所测量的各种数值，如测量电压、电流和电阻等。典型指针万用表的外形和功能如图 2-7 所示。

专家提示

指针万用表由刻度盘、指针、机械调零旋钮、电阻调零旋钮、5A 电流插孔、2500V 交直流插孔、三极管测试插座、挡位开关、正极表笔插孔、负极表笔插孔等组成。

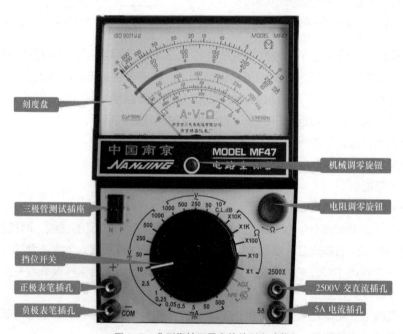

图 2-7　典型指针万用表的外形和功能

2 指针万用表的操作面板

（1）刻度盘。MF47 型指针万用表的刻度盘如图 2-8 所示。

图 2-8　指针万用表的刻度盘

（2）挡位开关。挡位开关上有电阻、电压、电流等多种范围，供检测时方便选择。挡位开关的具体情况如图 2-9 所示。

图 2-9　挡位开关

（3）机械调零旋钮。正常情况下，万用表指针应与左侧的 0 刻线重合，如不重合，应通过机械调零旋钮进行调整，以确保测量的准确性。调整方法如图 2-10 所示。

（4）电阻调零旋钮。在电阻挡使用前，通过左旋或右旋电阻调零旋钮使表针与左侧的电阻挡 0 刻线重合，如不重合，应通过电阻调零旋钮进行调整，以确保测量的准确性。调整方法如图 2-11 所示。

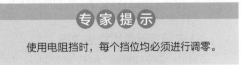

使用电阻挡时，每个挡位均必须进行调零。

图 2-10　机械调零旋钮的使用方法

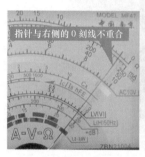

图 2-11　电阻调零旋钮的使用方法

（5）表笔插孔。操作面板上一般有 4 个插孔，如图 2-12 所示。操作面板左下角有"＋"标示的为红表笔插孔，"COM"标示的为黑表笔插孔。操作面板右下角有"5A"标示的为大电流插孔；"2500V"标示为高电压插孔，用于测量大于 1000V 而小于 2500V 的交、直流电压。

图 2-12　表笔插孔的使用方法

（6）三极管检测插孔。三极管检测插孔专门供检测三极管的放大倍数，标有"NPN"字样表示 NPN 型三极管检测孔，标有"PNP"字样的表示 PNP 型三极管检测孔。三极管检测插孔识读如图 2-13 所示。

3　指针万用表的检测技巧

（1）电阻器阻值的检测技巧。

步骤 1　测前准备。将红表笔插入"＋"插孔，黑表笔插入"COM"插孔。

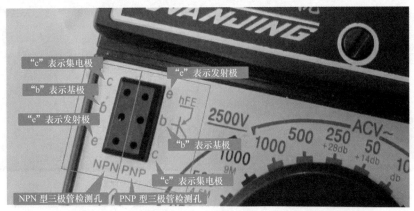

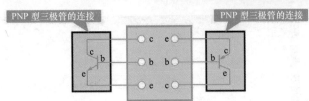

图 2-13　三极管检测插孔识读

步骤 2　估值。估计或计算被测电阻的阻值，或观察电阻器上标称的电阻值，以便选择挡位。被测熔断电阻器的色环为"蓝、黑、黑、金、银"，其标称阻值为 60Ω，误差等级为 ±10%，如图 2-14 所示。

步骤 3　调零。选择万用表的"×10"，并调零，如图 2-15 所示。

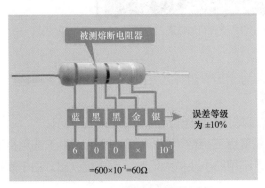

图 2-14　被测熔断电阻器的识读

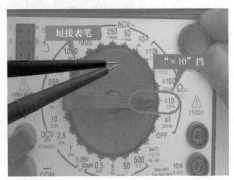

图 2-15　选择万用表的"×10"，并调零

步骤 4　测量。将红、黑表笔分别搭在被测电阻器的两只引脚上，此时万用表显示为 60Ω，即正常，如图 2-16 所示。

步骤 5　读数。由于所用挡位是电阻"×10"挡，表针指向 6，正确读数应为 6×10 = 60Ω。

（2）直流电压的检测技巧。

步骤 1　测前准备。将红表笔插入"+"插孔，黑表笔插入"COM"插孔。

步骤 2　估值。估计被测电路电压的最大值，以便选择挡位。被测单体蓄电池的电压为 12V。

专 家 提 示

1）使用指针式万用表的电阻挡测量阻值时，表针应停在中间或附近（即欧姆挡刻度 5~40 附近之间），测量结果比较准确，如图 2-17 所示。

2）用指针万用表测得的阻值为表盘的指针指示数乘以电阻挡位，即被测电阻值 = 刻度示值 × 挡位数。如选择的挡位是"×1k"挡，表针指示为 20，则被测阻值为 20×1k=20kΩ。

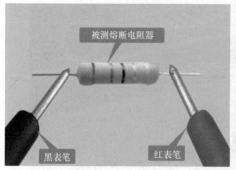

图 2-16 被测熔断电阻器的测量

图 2-17 万用表指针应该停留的位置

步骤 3 选择挡位。由于单体蓄电池的电压为 12V，且 12V 在 10 ~ 49.99V，应选用直流电压 50V 挡。

步骤 4 测量。将红表笔搭在高电位端，黑表笔搭在低电位端，如图 2-15 所示。

步骤 5 读数。测量直流电压时，可观察刻度盘三组数（10、50、250）。由于选用直流电压 50V 挡，读数时应读最大值为 50 的一组数，不用缩小或扩大倍数，可直接读出。由于表针指示 12.5，故被测电压为 12.5V。

（3）交流电压的检测技巧。交流电压和直流电压的检测方法基本相同,所不同的有以下几点:

要点 1 测量交流电压时，由于交流电压无正、负极，故红、黑表笔可随便接。

要点 2 选择交流电压 10V 挡时，应看第五条刻度线，读数时应读最大值为 10 的一组数。

（4）直流电流的检测技巧。

步骤 1 测前准备。将红表笔插入 "+" 插孔，黑表笔插入 "COM" 插孔。

步骤 2 估值。估计被测电路中的最大直流电流，以便正确选择挡位，减小测量误差。

步骤 3 挡位选择。根据所估计的被测电路的最大直流电流，进行以下选择。

测量 0.05mA 以下的直流电流时，应选用直流电流 0.05mA 挡；

测量 0.05 ~ 0.49mA 的直流电流时，应选用直流电流 0.5mA 挡；

测量 0.5 ~ 4.9mA 的直流电流时，应选用直流电流 5mA 挡；

1）被测直流电压无法估计时，先用最高挡开始试验，直到选择合适挡位时为止。

2）被测直流电压值得到估计时，可按以下规律选择挡位：

测量小于 2.5V 的直流电压时，应选用直流电压 2.5V 挡；

测量 2.5 ~ 9.99V 的直流电压时，应选用直流电压 10V 挡；

测量 10 ~ 49.99V 的直流电压时，应选用直流电压 50V 挡；

测量 50 ~ 249.9V 的直流电压时，应选用直流电压 250V 挡；

测量 250 ~ 499.9V 的直流电压时，应选用直流电压 500V 挡；

测量 500 ~ 999.9V 的直流电压时，应选用直流电压 1000V 挡；

测量 1000 ~ 2499.9V 的直流电压时，应选用直流电压 2500V 挡。

3）指针万用表的读数方法如下：

选用直流电压 2.5V 挡时，读数时应读最大值为 250 的一组数（即将 250 组数都缩小 100 倍，即把 50、100、150、200、250 分别看成 0.5、1、1.5、2、2.5）。

选用直流电压 10V 挡时，读数时应读最大值为 10 的一组数，不用缩小或扩大倍数，可直接读出。

选用直流电压 50V 挡时，读数时应读最大值为 50 的一组数，不用缩小或扩大倍数，可直接读出。

选用直流电压 250V 挡时，读数时应读最大值为 250 的一组数，不用缩小或扩大倍数，可直接读出。

选用直流电压 500V 挡时，读数时应读最大值为 50 的一组数（即将 50 组数都扩大 10 倍，即把 10、20、30、40、50 分别看成 100、200、300、400、500）。

选用直流电压 1000V 挡时，读数时应读最大值为 10 的一组数（即将 10 组数都扩大 100 倍，即把 2、4、6、8、10 分别看成 200、400、600、800、1000）。

选用直流电压 2500V 挡时，读数时应读最大值为 250 的一组数（即将 250 组数都扩大 10 倍，即把 50、100、150、200、250 分别看成 500、1000、1500、2000、2500）。

如挡位开关在 250V 直流电压挡，读数为 100，则被测电压为 100V。挡位开关在 2.5V 挡，应读最大值为 250 的一组数，若读数为 240，应缩小 100 倍，实际读数应为 2.4V。

测量 5 ~ 49.9mA 的直流电流时，应选用直流电流 50mA 挡；

测量 50 ~ 499.9mA 的直流电流时，应选用直流电流 500mA 挡；

测量 500mA ~ 4.99A 的直流电流时，应选用直流电流 5A 挡。

步骤 4　测量。将被测电路断开，红表笔接在高电位端，黑表笔接在低电位端（即将万用表串联在电路中）。

步骤 5　读数。测量直流电流时，可观察刻度盘上第六条刻度线。该刻度线由三组数（10、50、250）共用，具体读哪一组方便，由挡位开关所处位置决定。具体参见"直流电压的检查"中的相关内容。若所选直流电流挡为 5mA，应读最大值 50 的一组数，即把 10、20、30、40、50 分别看成 1、2、3、4、5，此时表针指向 3，该电路中的直流电流为 3mA。

第 3 节　数字万用表使用技巧

数字万用表的种类较多，但使用方法基本相同。现以 VC890D 型数字万用表为例加以说明。

4　数字万用表的操作面板

操作面板的外形和功能说明，如图 2-18 所示。

（1）液晶显示屏。液晶显示屏是用来显示被测对象量值的大小，它可显示一个小数点和四位数字，有的显示三位数字。

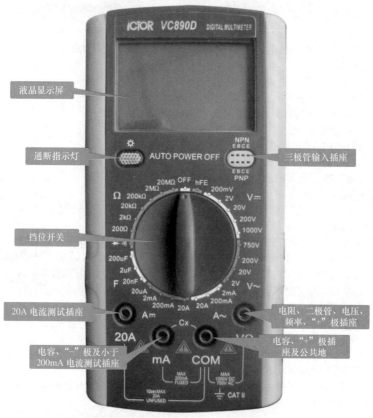

图 2-18　操作面板的外形和功能说明

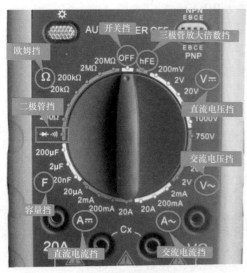

图 2-19　挡位开关的功能

（2）挡位开关。挡位开关用于改变测量功能、挡位以及控制关机。挡位开关的功能如图 2-19 所示。其功能有开关、欧姆挡、二极管挡、容量挡、直流电流挡、交流电流挡、交流电压挡、直流电压挡、三极管放大倍数测量挡等。

（3）插孔。操作面板上有 5 个插孔，"VΩ"为红表笔插孔，在测量电压、电阻和二极管时使用；"COM"为黑表笔插孔；"mA"为小电流插孔，用于测量 0 ~ 200mA 电流时使用；"20A"为大电流插孔，用于测量 200mA ~ 20A 电流时使用；中部右上部有三极管测试插孔，用于测量三极管时相关参数使用。插孔在操作面板上所处位置如图 2-20 所示。

5　万用表的检测技巧

（1）电阻器阻值的检测技巧。

步骤 1　测前准备。将红表笔插入"VΩ"插孔，黑表笔插入"COM"插孔。

步骤 2　估值。估计或计算被测电阻的阻值，以便选择合适的挡位，所选挡位应大于或接近

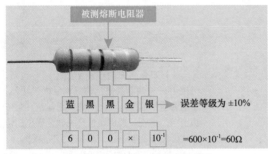

图 2-20 插孔在操作面板上所处的位置

被测电阻阻值。被测熔断电阻器的色环为"蓝、黑、黑、金、银",其标称阻值为 60Ω,误差等级为 ±10%,如图 2-21 所示。

步骤 3 选择挡位。由于被测电阻器的阻值较小,应选择"200"挡,如图 2-22 所示。

图 2-21 被测熔断电阻器的识读   图 2-22 选择万用表的"200"挡

步骤 4 测量。将红、黑表笔分别搭在被测电阻器的两只引脚上,此时万用表显示为 60.4Ω,即正常,如图 2-23 所示。

专家提示

1)挡位选择和转换。若挡位选得过小,显示屏上会显示"1.",此时应选择较大的挡位;若挡位选得过大,显示屏上会显示接近 0 的数值,此时应选择较小的挡位。

2)读出数值。被测电阻器的阻值读数为显示屏上显示的数值 + 挡位的单位。如,使用"200Ω"挡时,其单位为"Ω";使用"2kΩ""20kΩ""200kΩ"挡时,其单位为"kΩ";使用"2MΩ""20MΩ"挡时,读数的单位为"MΩ"。

3)如果电阻值超过所选的挡位,则会显示"1."这时应将开关调至较高挡位上,当测量电阻值超过 1MΩ 以上时,读数需跳几秒才能稳定,这在测量高电阻时是正常的。测量电路电阻时,需确认被测电路所有电源已关断及所有电容都已完全放电时,才可进行测量。

4)若万用表显示"1",则表明被测电阻器断路;若万用表显示"0.00",则表明被测电阻器短路。

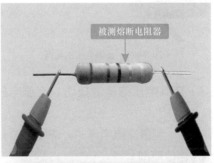

图 2-23 被测熔断电阻器的测量

（2）直流电压的检测技巧。

步骤1 测前准备。将红表笔插入"VΩ"插孔，黑表笔接入"COM"插孔。

步骤2 估值。估计被测电路电压的最大值，以便选择合适的挡位。估计被测单体蓄电池的电压为12V。

步骤3 选择挡位。由于单体蓄电池的端电压为12V，且12V处于2 ~ 19.9V，故选择万用表的直流电压20V挡。

步骤4 测量。将红表笔接电源正极或高电位端，黑表笔接电源负极或低电位端，使表笔与被测电路接触点接触稳定，其电压数值可以在显示屏上直接读出。若显示屏显示11.1，则表明所测电压为11.1V，检测方法如图2-24所示。

图2-24 直流电压的检测

（3）交流电压的检测技巧。交流电压与直流电压的测量方法基本相同。所不同的有以下几点：

要点1 测量交流电压时，应将挡位开关置于交流电压挡位范围。

要点2 测量交流电压时，黑、红表笔无方向性，可随便接入电路。

（4）直流电流的检测技巧。

步骤1 测前准备。将黑表笔插入"COM"插孔，若被测电流小于200mA，红表笔应插入"mA"插孔，若被测电流在200mA ~ 20A时，红表笔应插入"20A"插孔。

步骤2 估值。估计被测电路中电流的最大值，以便选择合适的挡位。

步骤3 选择挡位。选取比估计电压大或接近的挡位，测量结果才准确。

步骤4 测量。将被测电路断开，红表笔接在高电位端，黑表笔接在低电位端（即将万用表串联在电路中），万用表显示屏显示的数值即是被测电路中的电流值。如挡位在 200mA 位置，读数为 128.4，则实际读数为 128.4mA。

（5）交流电流的检测技巧。交流电流和直流电流的检测基本相同，所不同的有以下几点：

要点1 测量交流电流时，应将挡位开关置于交流电流挡位范围。

要点2 测量交流电流时，黑、红表笔无方向性，可随便接入电路。

（6）二极管的检测技巧。该万用表设置有二极管挡，用来检测二极管的极性和好坏。现以二极管极性的测量为例讲述该挡的使用方法。被测整流二极管的外形，如图 2-25 所示。

步骤1 测前准备。将红表笔插入"VΩ"插孔，黑表笔插入"COM"插孔中。

步骤2 挡位选择。选择数字万用表的"二极管"挡，如图 2-26 所示。

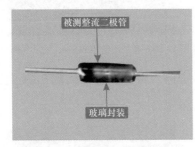

图 2-25 被测整流二极管的外形　图 2-26 选取数字万用表的"二极管"挡

步骤3 正向测量。将黑表笔搭在整流二极管的负极引脚上，红表笔搭在整流二极管的正极引脚上，此时万用表显示为 0.52V（正向导通压降），即正常，如图 2-27 所示。

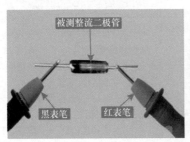

图 2-27 被测整流二极管的测量

步骤4 反向测量。交换黑、红表笔再次测量，此时万用表显示为"1."，即正常，如图 2-28 所示。

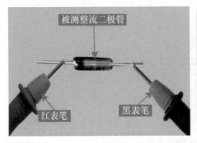

图 2-28 被测整流二极管的再次测量

（7）电容器容量的检测技巧。

步骤1 测前准备。将红表笔插入"mA"插孔中，黑表笔插入"COM"插孔中。

步骤2 估值。估计被测电容器的容量大小，以便选择合适的挡位。

步骤3 选择挡位。选取比估计容量高且接近的挡位，测量误差才小。被测电容器的容量为32μF，且32μF处于2～199.9μF，故选择200μF挡，如图2-29所示。

步骤4 将被测电容器的两只引脚分别插入数字万用表上的"CX"插孔中，如图2-30所示。

图2-29 选择数字万用表的"200μF"挡　　图2-30 将被测电容器插入"CX"插孔中

步骤5 测量。将电解电容器的两只引脚分别插入电容器容量检测孔中，显示电容量为33.1μF，如图2-31所示。

图2-31 电容器的常温下测量

专家提示

1）如果事先对被测电容范围没有概念，应将挡位开关调至最高挡位，然后根据显示被测电容值调至相应的挡位上。如屏幕显示"1"表明已超出挡位范围，须将挡位开关调至最高挡位。

2）在测试电容时，屏幕显示值可能尚未归零，残留读数会逐渐减小，不必理会，它不会影响测量的准确度。

3）大电容挡位测量严重漏电或击穿电容时，所显示的数值且不稳定。

4）在测试电容容量之前，必须对电容充分的放电（短接两脚放电），以防止损坏仪表。

5）选择挡位时，应遵守以下原则：

测量20nF以下的容量时，应选择2nF挡；

测量20nF～1.99μF的容量时，应选择2μF挡；

测量2～199.9μF的容量时，应选择200μF挡。

第4节 绝缘电阻表操作技巧

6 绝缘电阻表的结构

绝缘电阻表又叫兆欧表，它是用来测量高阻值的仪器，可以用来测量电动机的绝缘电阻和绝缘材料的漏电电阻。绝缘电阻表的常用规格有 250、500、1000、2500V 和 5000V 等。500V 以下的电动机选用 500 ~ 1000V 的绝缘电阻。常见的绝缘电阻表有数字式、模拟式、数字 / 模拟式，外形如图 2-32 所示。

模拟绝缘电阻表的结构特点如图 2-33 所示。

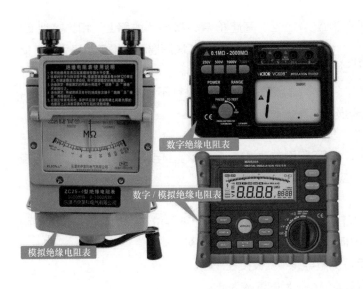

图 2-32　绝缘电阻表的外形

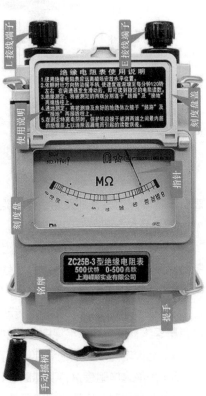

图 2-33　模拟绝缘电阻表的结构特点

7　绝缘电阻表的接线端子和使用前的检查

（1）绝缘电阻表的接线端子。绝缘电阻表有三个接线柱（"线路 L"接线端子、"接地 E"接线端子和"保护环 G"接线端子）。保护环起屏蔽作用，可消除壳体、"线路 L"接线端子与"接地 E"接线端子间的漏电和被测绝缘物表面的漏电现象。绝缘电阻表的接线端子如图 2-34 所示。

（2）绝缘电阻表使用前的检查。

1）短路检查：将与"线路 L"和"接地 E"相连的鳄鱼夹接在一起，慢慢摇动绝缘电阻表手柄，此时表针应指向 0。

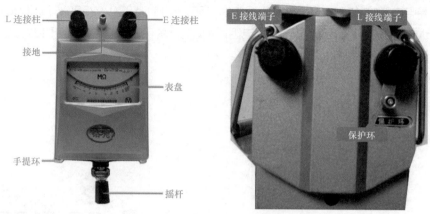

图2-34　绝缘电阻表的接线端子

专家提示

由于"线路L"和"接地E"短接后的电流较大，摇动要慢且时间不宜过长，以免损坏表头。

2）开路检查：将与"线路L"和"接地E"相连的鳄鱼夹分开，快速摇动绝缘电阻表手柄，此时表针应指向无穷大。

若短路检查时表针不指向0，或开路检查时，表针不指向无穷大，则表明绝缘电阻表损坏或连线不良。

（3）绝缘电阻表使用注意事项。

1）测量电动机绕组的绝缘电阻时，对于无刷电动机应谨言慎行，电动机的3根主相线与控制器脱开，有刷电动机的正、负极线也应与控制器脱出。

2）绝缘电阻表在使用时必须平放。

3）在使用绝缘电阻表前先转动几下，看一看指针是否停在"∞"位置，然后短接该表的两根测量导线，慢慢转动绝缘电阻表的摇柄，查看指针是否在"零"处。

4）绝缘电阻表必须绝缘良好，两根测量导线不要铰接在一起。

5）用绝缘电阻表进行测量时，以转动1min后的读数为准。

6）在测量时，应使绝缘电阻表转速达到120r/min。

7）绝缘电阻表的量限往往可达到几千兆欧，最小刻度在1MΩ左右，因此不适合测量100kΩ以下的电阻。

8　绝缘电阻表的操作技巧

电动机绕组的绝缘电阻是指电动机绕组与地或相间在常温（冷态）下的电阻值。一般情况下，额定电压为500V以下的电动机，应选用500V绝缘电阻表进行测量；额定电压为500～300V的电动机，应选用1000V绝缘电阻表进行测量。

（1）绕组对地绝缘电阻的检测。首先对绝缘电阻表进行开路和短路试验。

步骤1　将绝缘电阻表上的红、黑测试线的接线片分别与绝缘电阻表上的"线路L"和"接地E"接线柱相接，如图2-35所示。

步骤2　绝缘电阻表开路试验。将两只鳄鱼夹分开，以120r/min的速度摇动手柄。绝缘电阻表上的指针，应指向无穷大位置为正常，如图2-36所示，否则表明绝缘电阻表损坏。

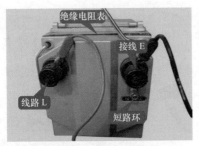

图 2-35　绝缘电阻表测试线的连接　　　图 2-36　绝缘电阻表的开路试验

步骤 3　绝缘电阻表的短路试验。将测试线上的两只鳄鱼夹夹在一起，仍以 120r/min 的速度摇动手柄，绝缘电阻表上的指针应指向 0 位置为正常，如图 2-37 所示，否则表明绝缘电阻表损坏。

步骤 4　将与绝缘电阻表相连红色线鳄鱼夹，夹在接线盒内的任一个接线柱上，另一个鳄鱼夹夹在接线盒上（接地），如图 2-38 所示，然后以 120r/min 的速度摇动手柄，待表针稳定后的读数即是绕组对地的绝缘电阻。

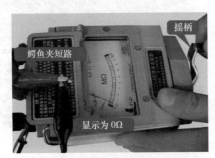

图 2-37　绝缘电阻表的短路试验　　　图 2-38　绝缘电阻表的连接

总结：绕组绝缘电阻的测量如图 2-39 所示。正常时，额定电压为 500V 以下的电动机，其绝缘电阻不得低于 0.5MΩ。若绕组重绕，绝缘电阻不得小于 5MΩ。若绕组绝缘电阻较小，则表明绕组绝缘不良，应予以检修。

（2）绕组相间绝缘电阻的检测。

步骤 1　将接线盒中的 U2、V2 和 W2 的尾端相连接的短路片拆下，如图 2-40 所示。

图 2-39　绕组绝缘电阻的测量　　　图 2-40　拆下接线片

步骤 2　将绝缘电阻表上的"线路 L"和"接地 E"接线柱相连的鳄鱼夹分别接 U1 和 V1、V1 和 W1、W1 和 U1，如图 2-41 所示。

步骤 3　以 120r/min 的速度摇动手柄，如图 2-42 所示，表针稳定时所指示的数值就是电动机的相间绝缘电阻。

图 2-41　绝缘电阻表的连接

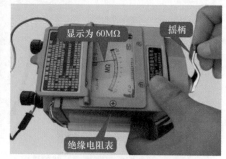

图 2-42　绕组相间绝缘电阻的测量

（3）绕组相间绝缘电阻的测量。

步骤 1　将接线盒中的 U2、V2 和 W2 的尾端相连接的短路片拆下，如图 2-43 所示。

步骤 2　将绝缘电阻表上的"线路 L"和"接地 E"接线柱相连的鳄鱼夹分别接 U1 和 V1、V1 和 W1、W1 和 U1，如图 2-44 所示。

图 2-43　拆下接线片

图 2-44　绝缘电阻表的连接

步骤 3　以 120r/min 的速度摇动手柄，表针稳定时所指示的数值就是电动机的相间绝缘电阻。绕组相间绝缘电阻的测量，如图 2-45 所示。

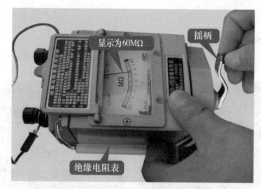

图 2-45　绕组相间绝缘电阻的测量

第 5 节　钳形表操作技巧

9　钳形表的外形和结构

（1）钳形表的外形特点。钳形表也叫卡表，它由一个互感器和一个整流式仪表组成。它可在不断开电路的情况下测量交流电流。常见的钳形电流表有模拟式和数字式钳形表。常见钳形表的外形，如图 2-46 所示。

（2）钳形表的面板显示。现以金川 DS3266L 型钳形表为例加以说明。钳形表的面板及显示说明如图 2-47 所示。

图 2-46　常见钳形表的外形

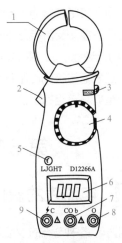

图 2-47　钳形表的面板及显示说明
1—钳头；2—钳头手柄；3—HOLD 按键；4—功能开关；5—相序指示灯（A 型）；6—LCD 显示器；7—COM 端；8—V/Ω 输入插座；9—相线判别端口 /（L 型）电池测试端

10 钳形表的操作技巧

将正在运行的待测导线夹入钳形表铁芯窗口内，然后读取表头指针读数，如图 2-48 所示。

在测量电流时，注意电路上的电压要低于电表额定值，测好立即拨回零挡。在测量小电流时，电流读数在电流表最小量程的 1/2 以下，难以正确读出，可将被测导线在钳口中绕上几匝，读取电流值，然后将读取电流值除以匝数即得到被测导线的实际电流量。

（1）交流电流的测量。

1）量程的选择。测量前应先估计被测电流的大小，以便选择合适的量程。或先选用较大的量程测量，然后再看电流的大小选择量程。

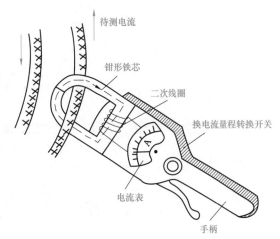

图 2-48　钳形表操作技巧

若显示屏显示"1"。应将功能开关置于高量程再读数，若仍显示"1"，则说明被测电流大于量程电流。

2）大电流测量。将单根导线垂直于钳头中心位置，此时显示屏显示的数值即是所测的交流电流值。

3）小电流测量。将单根导线在钳头上铁芯上绕几圈，此时显示屏显示的数值除以绕在铁芯的圈数即是被测导线的实际电流。

（2）直流电压测量。将功能开关置于 600V 挡，黑表笔插入 COM 插孔，红表笔插入 VΩ 插孔，红表笔接电池正极，黑表笔接蓄电池负极，此时显示屏显示的数值就是被测电池的直流电压。

此时红表笔连接的一端为负极。

若显示屏上显示"-"号，则表明红表笔连接的一端为正。

（3）交流电压的测量。将功能开关置于 600V 挡，黑、红表分别插入"COM"和"VΩ"插孔内，用两表笔连接电源或负载，此时显示屏显示的数值就是被测交流电压的有效值。

（4）电阻测量。将功能开关置于 Ω 量程，再将黑、红表笔与被测电阻连接，此时显示屏显示的数值即是被测电阻的阻值。

专家提示

当被测电阻大于所选量程时，显示屏显示最高位"1"。

第 6 节　电流表和电压表操作技巧

11　电流表的操作技巧

测量电路中电流的仪表叫电流表。电流表可分为直流电流表和交流电流表。测量时电流表应与被测电路相串联。

（1）直流电流的测量。测量直流电流时，电流表的接法如图 2-49 所示。

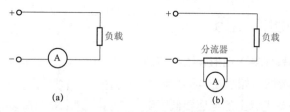

图 2-49　直流电流表的接法
(a) 电流表直接接入法；(b) 带有分流器的电流表接入法

（2）交流电流的测量。测量交流电流时，电流表的接法如图 2-50 所示。

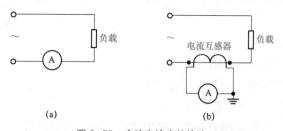

图 2-50　交流电流表的接法
(a) 电流表直接接入法；(b) 带有电流互感器的电流表接入

12　电压表的操作技巧

测量电路中电压的仪表叫电压表。电压表可分为直流电压表和交流电压表。测量时电压表应与被测电路相并联。

（1）直流电压的测量。测量直流电压时，电压表的接法如图 2-51 所示。

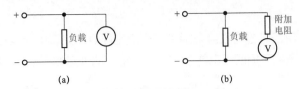

图 2-51 直流电压表的接法
(a) 电压表直接接入法；(b) 带有附加电阻器的电压表接入法

（2）交流电压的测量。测量交流电压时，电压表的接法如图 2-52 所示。

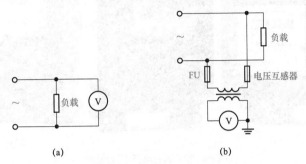

图 2-52 交流电压表的接法
(a) 电压表直接接入法；(b) 带有电压互感器的电压表接入

13 电流表和电压表的使用注意事项

（1）在搬运和拆装电表时应小心，轻拿轻放，不能受到强烈的振动或撞击，以防损坏电表的零部件，特别是电表的轴承和游丝。

（2）安装和拆卸电表时，应先切断电源，以免发生人身事故或损坏测量机构。

（3）电能表接入电路之前，应先估计电路上要测量的电流、电压等是否在电能表最大量程内，以免电能表过载而损坏电能表。选择电能表最大量程时，以被测量的 1.5~2 倍为宜。

（4）测量电流时，电流表应与被测电路串联；测量电压时，电压表应与被测电路并联。测量直流电流或直流电压时，应特别注意电能表的"＋"极接线端钮与电源"＋"极相连接，电能表的"－"极接线端钮与电源"－"极相连接。测量交流电流或交流电压时，无须注意极性。

（5）电能表的引线必须适当，要能负担测量时的负载而不致过热，并且不致产生很大的电压降而影响电能表的读数。如电能表带有专用导线时，在使用时应与专用导线连接。连接的部分要干净、牢固，以免接触不良而影响测量结果。

（6）电能表的指针须经常注意作零位调整。平时指针应指在零位上，如略有差距，可调整电能表上的零位校正螺钉，使指针恢复到零点的位置。

第 7 节 电能表安装接线技巧

14 电能表的外形特点

电能表是用来测量电能的仪表，又称电度表、火表、千瓦小时表，指测量各种电学量的仪表。使用电能表时要注意，在低电压（不超过 500V）和小电流（几十安）的情况下，电能表可直接接入电路进行测量。在高电压或大电流的情况下，电能表不能直接接入电路，需配合电压互感器或电流互感器使用。

电能表按其使用的电路可分为直流电能表和交流电能表。交流电能表按其相线又可分为单相电能表、三相三线电能表和三相四线电能表。常见电能表的外形如图 2-53 所示。

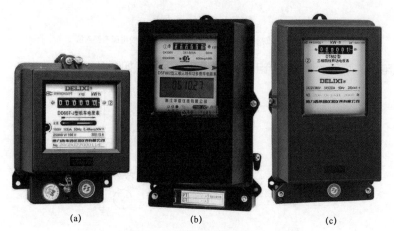

图 2-53　常见电能表的外形
(a) 单相电能表；(b) 三相三线电能表；(c) 三相四线电能表

15　单相电能表的接线技巧

（1）单相电能表可直接接入线路，如图 2-54 所示。常见有跳入式接线和顺入式接线。接线时应按电能表接线端子盖板背面的接线图进行，但不管哪种接线，电流线圈总是串入相线回路，电压线圈总是并在相线与中性线之间。

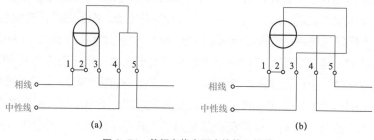

图 2-54　单相电能表可直接接入线路
(a) 跳入式接线；(b) 顺入式接线

（2）单相电能表经电流互感器接入线路，如图 2-55 所示。

（3）两块单相电能表测量两相电路，有功电能表直接接入线路，如图 2-56 所示。

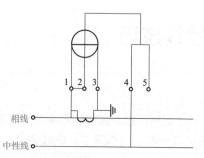

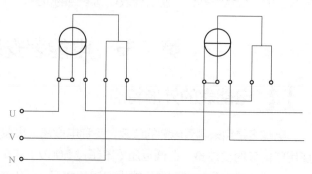

图 2-55　单相电能表经电流互感器接入线路　　　图 2-56　两块单相电能表直接接入线路

（4）两块单相电能表测量两相电路，有功电能表经电流互感器接入线路，如图 2-57 所示。

（5）三块单相电能表测量三相四线电路，有功电能表直接接入线路，如图 2-58 所示。

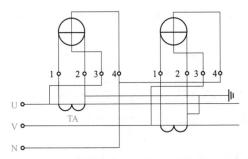

图 2-57 两相电路单相电能表经电流互感器接入线路

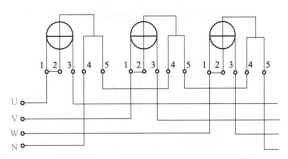

图 2-58 三相四线电路单相电能表直接接入线路

16 三相三线电能表的接线技巧

（1）三相三线有功电能表直接接入线路，如图 2-59 所示。

（2）三相三线有功电能表经电流互感器接入线路，电压线和电流共用方式，如图 2-60 所示。

（3）三相三线有功电能表经电流互感器接入线路，电压线和电流线分开方式，如图 2-61 所示。

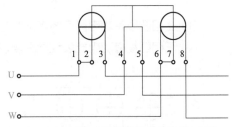

图 2-59 三相三线有功电能表直接接入线路

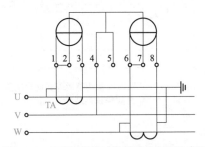

图 2-60 三相三线有功电能表经电流互感器
接入线路（一）

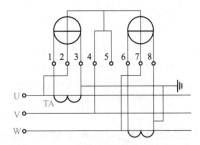

图 2-61 三相三线有功电能表经电流互感器
接入线路（二）

（4）三相三线有功电能表经电流、电压互感器接入线路，如图 2-62 所示。

（5）三相三线有功电能表 V 接线，如图 2-63 所示。

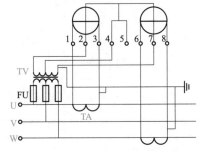

图 2-62 三相三线有功电能表经电流、电压
互感器接入线路

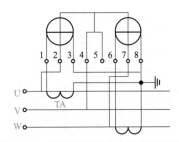

图 2-63 三相三线有功电能表 V 形接线

17 三相四线有功电能表的接线技巧

（1）三相四线有功电能表直接接入线路，如图 2-64 所示。

（2）三相四线有功电能表经电流互感器接入线路，电压线和电流共用方式，如图 2-65 所示。

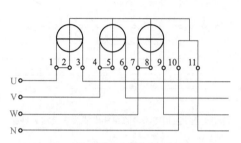

图 2-64 三相四线有功电能表直接接入线路

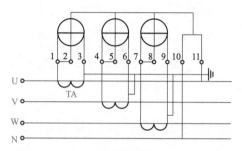

图 2-65 三相四线有功电能表经电流互感器接入线路（一）

（3）三相四线有功电能表经电流互感器接入线路，电压线和电流分开方式，如图 2-66 所示。

（4）三相四线有功电能表经两只电流互感器接入线路，如图 2-67 所示。

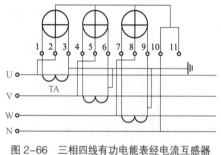

图 2-66 三相四线有功电能表经电流互感器接入线路（二）

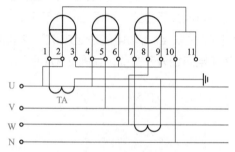

图 2-67 三相四线有功电能表经两只电流互感器接入线路

（5）三相四线有功电能表 Y 接线，如图 2-68 所示。

18 三相三线无功电能表的接线技巧

（1）DX2 型三相三线带 60° 相位差无功电能表直接接入线路，如图 2-69 所示。

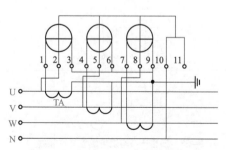

图 2-68 三相四线有功电能表 Y 接线

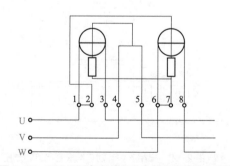

图 2-69 DX2 型三相三线无功电能表直接接入线路

（2）DX2 型三相三线无功电能表经电流互感器接入线路，如图 2-70 所示。

（3）DX2 型三相三线无功电能表经电流、电压互感器接入线路，如图 2-71 所示。

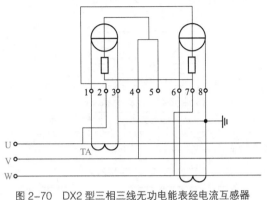 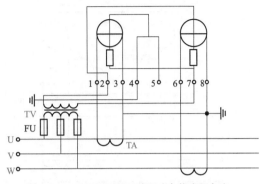

图 2-70　DX2 型三相三线无功电能表经电流互感器
接入线路

图 2-71　DX2 型三相三线无功电能表经电流、
电压互感器接入线路

19　三相四线无功电能表的接线技巧

（1）三相四线三元件无功电能表直接接入线路，如图 2-72 所示。

（2）DX1 型三相四线二元件无功电能表经电流互感器接入线路，电压线和电流线共用方式，如图 2-73 所示。

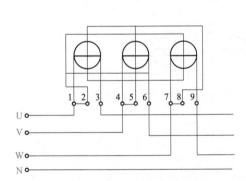 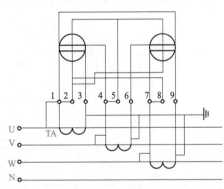

图 2-72　三相四线三元件无功电能表直接接入线路　图 2-73　DX1 型三相四线二元件无功电能表经电流互感器接入线路

（3）DX1 型三相四线二元件无功电能表经电流互感器接入线路，电压线和电流线分开方式，如图 2-74 所示。

（4）三相三元件无功电能表经电流互感器接入线路，如图 2-75 所示。

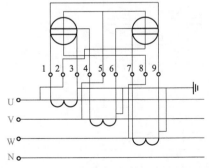 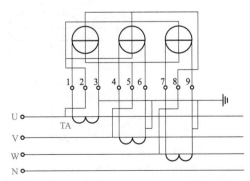

图 2-74　DX1 型三相四线二元件无功电能表经电流
互感器接入线路

图 2-75　三相三元件无功电能表经电流互感器接入线路

（5）三相三元件无功电能表 Y 接线，如图 2-76 所示。

（6）DX1 型三相二元件无功电能表 Y 接线，如图 2-77 所示。

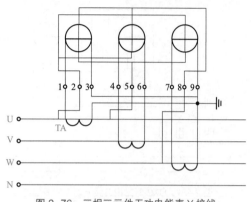

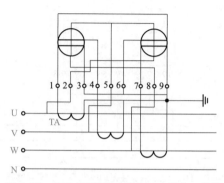

图 2-76　三相三元件无功电能表 Y 接线

图 2-77　DX1 型三相二元件无功电能表 Y 接线

20 多种仪表的联合接线技巧

多种仪表联合接线，只要掌握以下原则，便可方便地进行：同相的电流线圈相互串联，同相的电压线圈相互并联，并注意极性不要弄错。列举如下：

（1）三相三线有功电能表和无功电能表的联合接线，如图 2-78 所示。

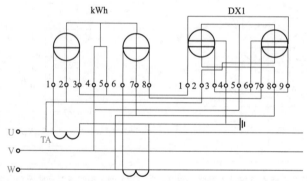

图 2-78　三相三线有功电能表和无功电能表的联合接线

（2）三相四线有功电能表和无功电能表的联合接线，如图 2-79 所示。

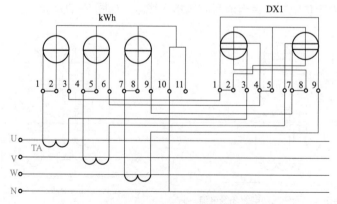

图 2-79　三相四线有功电能表和无功电能表的联合接线

（3）三相有功功率表、功率因数表及用换相开关控制的电流表联合接线，如图 2-80 所示。

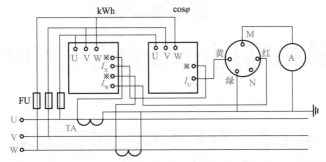

图 2-80　三相有功功率表、功率因数表及用换相开关控制的电流表联合接线

（4）三相三线有功电能表与三只电流表的联合接线，如图 2-81 所示。

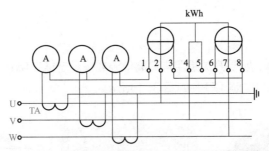

图 2-81　三相三线有功电能表与三只电流表的联合接线

（5）三相三线有功电能表与三只电流表经电流互感器和电压互感器的联合接线，如图 2-82 所示。

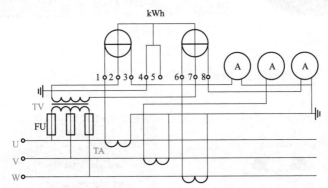

图 2-82　三相三线有功电能表与三只电流表经电流互感器和电压互感器的联合接线

第 **3** 章

低压电器和高压电器的安装和检测技巧

第 1 节　开关的安装和检测技巧

　　开关可以开启和关闭，也可以使电路开路、使电流中断或使其流到其他电路。接点的"闭合"表示电子接点导通，允许电流流过；开关的"开路"表示电子接点不导通形成开路，不允许电流流过。常见的开关有照明开关、按钮开关、闸刀开关、铁壳开关、组合开关、行程开关、接近开关等。

1　照明开关

　　（1）照明开关的识读。照明开关是用来隔离电源或按规定能在电路中接通或断开电流或改变电路接法的一种装置。常见的照明开关如图 3-1 所示。

图 3-1　常见的照明开关

　　（2）墙壁开关的接线操作技巧。墙壁开关的接线操作如图 3-2 所示。

图 3-2　墙壁开关的接线操作（一）

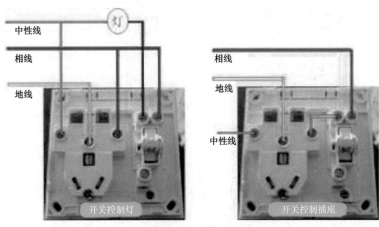

图 3-2　墙壁开关的接线操作（二）

2　按钮开关

（1）按钮开关的作用。按钮开关是指利用按钮推动传动机构，使动触点与静触点接通或断开以实现电路换接的开关。按钮开关是一种结构简单，应用十分广泛的主令电器。在电气自动控制电路中，用手动发出控制信号以控制接触器、继电器、电磁启动器等。

按钮开关是一种按下即动作，释放即复位的用来接通和断开小电流电路的电器。一般用于交、直流电压440V以下，电流小于5A的控制电路中，一般不直接操纵主电路，也可以用于互联电路中。

（2）按钮开关的颜色。在实际的使用中，为了防止误操作，通常在按钮上做出不同的标记或涂以不同的颜色加以区分，其颜色有红、黄、蓝、白、黑、绿等。一般红色表示"停止"或"危险"情况下的操作；绿色表示"启动"或"接通"。急停按钮必须用红色蘑菇头按钮。按钮必须有金属的防护挡圈，且挡圈要高于按钮帽，防止意外触动按钮而产生误动作。安装按钮的按钮板和按钮盒的材料必须是金属的并与机械的总接地母线相连。

（3）按钮开关的外形。常见的按钮开关如图 3-3 所示。

图 3-3　常见的按钮开关的外形

（4）按钮开关的原理。按钮开关一般有三种形式，即动断按钮开关、动合按钮开关和复合按钮开关。其三种内部结构和电路图形符号如图 3-4 所示。

图 3-4（a）是动断按钮开关。当未按下按钮时，其内部金属动触点在复位弹簧的作用而动触点与动断静触点 1、2 处于接通状态。当按下按钮时，其内部金属动触点克服复位弹簧的作用而动触点与动断静触点 1、2 处于断开状态。当手松开按钮后，触点自动复位而处于接通状态。

图 3-4（b）是动合按钮开关。当未按下按钮时，其内部金属动触点在复位弹簧的作用下而

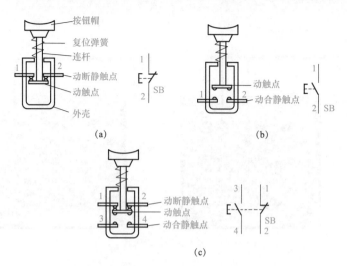

图 3-4　三种内部结构和电路图形符号
(a) 动断按钮开关；(b) 动合按钮开关；(c) 复合按钮开关

动触点与动合静触点 1、2 处于断开状态。当按下按钮时，其内部金属动触点克服复位弹簧的作用而动触点与动断静触点 1、2 处于接通状态。当手松开按钮后，触点自动复位而处于断开状态。

图 3-4（c）是复合按钮开关。当未按下按钮时，其内部金属动触点与动断静触点 1、2 处于接通状态。当按下按钮时，其内部金属动触点与动合静触点 3、4 处于接通状态，金属动触点与动断静触点 1、2 处于断开状态。当手松开按钮后，金属动触点自动复位，即动断触点闭合，动合触点断开。

（5）启动按钮的检测技巧。

1）静态测量法。启动按钮的外形和内部结构，如图 3-5 所示。

图 3-5　启动按钮的外形和内部结构

检测依据：正常情况下，启动按钮静态动断触点间的接触电阻值为 1Ω 左右，动合触点间的接触电阻值为无穷大，即断开。

步骤 1　选择万用表的"×1"挡，并调零，如图 3-6 所示。

图 3-6　选择万用表的"×1"挡，并调零

步骤 2　将黑、红表笔（不分正负）分别搭在按钮开关的 1 脚与 2 脚上，此时万用表显示为 1Ω 左右，如图 3-7 所示。

图 3-7　按钮开关的 1 脚与 2 脚之间阻值的测量

步骤 3　将黑、红表笔（不分正负）分别搭在按钮开关的 3 脚与 4 脚上，此时万用表显示为无穷大，如图 3-8 所示。

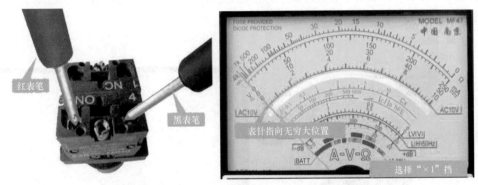

图 3-8　按钮开关的 3 脚与 4 脚之间阻值的测量

总结：上述测量中，若启动按钮的 1 脚与 2 脚之间的阻值约为 1Ω，则表明静态动断触点正常；若启动按钮的 3 脚与 4 脚之间的阻值为无穷大，则表明静态动合触点正常。

2）按下测量法。

检测依据：正常情况下，启动按钮按下的动断触点间的接触电阻值为无穷大，动合触点间的接触电阻值为 1Ω 左右，即接通。

步骤 1　选择万用表的"×1"挡，并调零，如图 3-9 所示。

图 3-9　选择万用表的"×1"挡，并调零

步骤2　将黑、红表笔（不分正负）分别搭在按钮开关的1脚与2脚上，此时万用表显示为无穷大，如图3-10所示。

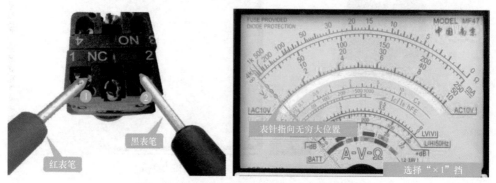

图3-10　按钮开关的1脚与2脚之间阻值的测量

步骤3　将黑、红表笔（不分正负）分别搭在按钮开关的3脚与4脚上，此时万用表显示为1Ω左右，如图3-11所示。

图3-11　按钮开关的3脚与4脚之间阻值的测量

总结：上述测量中，若启动按钮的3脚与4脚之间的阻值约为1Ω，则表明动合触点正常；若启动按钮的1脚与2脚之间的阻值为无穷大，则表明动断触点正常。

3　闸刀开关

（1）闸刀开关。闸刀开关又名刀开关、闸刀，一般用于不需经常切断与闭合的交、直流低压（不大于500V）电路，在额定电压下其工作电流不能超过额定值。在机床上，刀开关主要用作电源开关，它一般不用来接通或切断电动机的工作电流。

刀开关分单极、双极和三极，常用的三极刀开关长期允许通过电流有100、200、400、600A和1000A五种。目前生产的产品型号有HD（单投）和HS（双投）等系列。

闸刀开关的外形、结构和电路图形符号如图3-12所示。

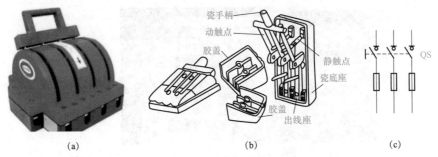

图 3-12 闸刀开关的外形、结构和电路图形符号
(a) 外形；(b) 内部结构；(c) 电路图形符号

（2）闸刀开关的接线技巧。闸刀开关通常接有保险。其安装方式是垂直方向，出线在下方，进线在上方，进、出线不得接反，以免触电。

闸刀开关接线：应把电源接在开关上方的进线座上，电动机等负载的引线接到下方的出线座上，这样当闸刀拉开后，更换熔丝时就不会发生触电事故。接线时还应将螺钉拧紧，否则当电流通过导线连接处时因接触电阻大而产生高温，使接触弹片"退火"（降低金属硬度），引起接触不良或打火事故，严重时会引起火灾，烧坏负载。闸刀开关的安装方式如图 3-13 所示。

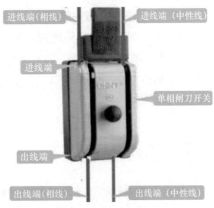

图 3-13 闸刀开关的安装方式

4 铁壳开关

（1）铁壳开关的识读技巧。铁壳开关又叫封闭式负荷开关，简称负荷开关。它是一种手动操作的开关电器，主要由闸刀、熔断器和铁制外壳组成。铁壳开关的铁盖上有机械连锁装置，能保证合闸时打不开盖，而开盖时合不上闸，可防止电弧伤人，所以使用中较安全。铁壳开关可以控制 22kW 以下的三相电动机。铁壳开关的额定电流按电动机的额定电流 3 倍选用。

铁壳开关的外形如图 3-14 所示，其结构和电路图形符号如图 3-15 所示。

图 3-14 铁壳开关的外形

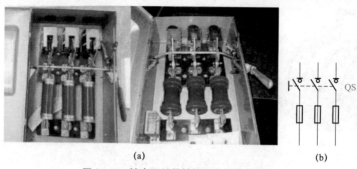

图 3-15　铁壳开关的结构和电路图形符号
(a) 结构；(b) 电路图形符号

（2）铁壳开关的安装操作。

1）将木制配电板用预埋螺栓固定在墙上；

2）将负荷开关的底板固定在木板上，或用两根角钢做成"几"形，将燕尾用水泥砂浆埋在墙内；

3）将负荷开关固定在角钢支架上。如用钢管配线（或塑料管配线），在管子头部用两个螺母面向拧紧在铁壳上。

5　组合开关

组合开关由动触点（动触片）、静触点（静触片）、转轴、手柄、定位机构及外壳等部分组成。其动触点、静触点分别叠装于数层绝缘垫板之间，各自附有连接线路的接线柱。当转动手柄时，每层的动触点随方形转轴一起转动，从而实现对电路的接通、断开控制。

在组合开关的内部有 3 对静触点，分别用 3 层绝缘板相隔，各自附有连接线路的接线桩，3 个动触点互相绝缘，与各自的静触点对应，套在共同的绝缘杆上，绝缘杆的一端装有操作手柄，手柄每次转动 90°，即可完成 3 组触点之间的开合或切换。开关内装有速断弹簧，用以加速开关的分断速度。

组合开关的外形、结构和电路图形符号如图 3-16 所示。

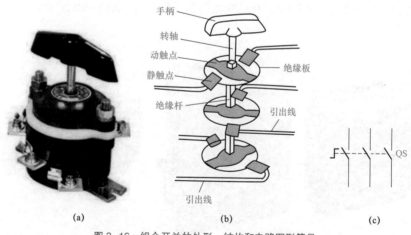

图 3-16　组合开关的外形、结构和电路图形符号
(a) 外形；(b) 结构；(c) 电路图形符号

6 倒顺开关

（1）倒顺开关的外形、结构和电路图形符号。倒顺开关也叫顺逆开关。它的作用是连通、断开电源或负载，可以使电动机正转或反转，主要是给单相、三相电动机做正、反转用的电气元件，但不能作为自动化元件。

倒顺开关的外形、结构和电路图形符号如图 3-17 所示。

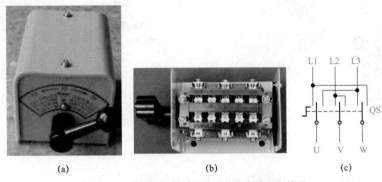

(a)　　　　　　(b)　　　　　　(c)

图 3-17　倒顺开关的外形、结构和电路图形符号
(a) 外形；(b) 结构；(c) 电路图形符号

（2）倒顺开关的接线技巧。三相电源提供一个旋转磁场，使三相电动机转动，因电源三相的接法不同，磁场可顺时针或逆时针旋转，为改变转向，只需要将电动机电源的任意两相相序进行改变即可完成。如原来的相序是 A、B、C，只需改变为 A、C、B 或 C、B、A。一般的倒顺开关有两排六个端子，调相通过中间触头换向接触，达到换相目的。以三相电动机倒顺开关为例：设进线 A、B、C 三相，出线也是 A、B、C，因 A、B、C 三相是各个相隔 120°，连接成一个圆周，设这个圆周上的 A、B、C 是顺时针的，连接到电动机后，电动机为顺时针旋转。

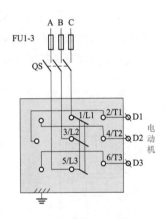

图 3-18　倒顺开关的接线

如在开关内将 B、C 切换一下，A 照旧不动，使开关的出线成了 A、C、B，那这个圆周上的 A、B、C 排列就成了逆时针的，连接到电动机后，电动机也为逆时针旋转，这个切换开关就是倒顺开关。

如将它的把手往左扳，出线是 A、B、C；

如将它的把手扳到中间，A、B、C 全部断开，处于关的状态；

如将它的把手往右扳，出线是 A、C、B，电动机的转动方向就与往左扳时相反。

倒顺开关的接线如图 3-18 所示。

7 行程开关

（1）行程开关的识读。行程开关是位置开关（又称限位开关）的一种，是一种常用的小电流主令电器。利用生产机械运动部件的碰撞使其触头动作来实现接通或分断控制电路，达到一定的控制目的。通常，这类开关被用来限制机械运动的位置或行程，使运动机械按一定位置或行程自动停止、反向运动、变速运动或自动往返运动等。

　　行程开关通常情况下，按结构可分为直动式行程开关、旋转式行程开关、微动式行程开关和组合式行程开关等。

　　常见行程开关的外形如图 3-19 所示。

图 3-19　常见行程开关的外形

　　直动式行程开关的结构和电路图形符号如图 3-20 所示。

　　图 3-20（a）是复合触点式行程开关的结构图，与复合按钮开关基本相似。当机械部件运动到行程开关时，其内部金属触桥与动合静触头处于接通状态，此时金属触桥与动断触头处于断开状态。当机械部件离开行程开关时，金属动触桥自动复位，即动断触头闭合，动合触头断开。

　　（2）行程开关的接线技巧。行程开关的接线如图 3-21 所示。

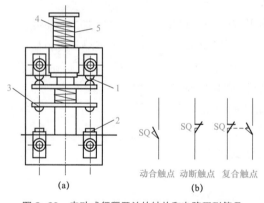

图 3-20　直动式行程开关的结构和电路图形符号
(a) 结构；(b) 电路图形符号
1—动断触头；2—动合触头；3—触桥；4—复位弹簧；5—推杆

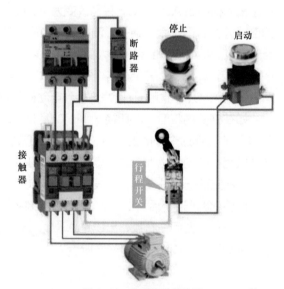

图 3-21　行程开关的接线

8　接近开关

　　接近开关是一种无须与运动部件进行机械直接接触而可以操作的位置开关，当物体接近开关的感应面到动作距离时，不需要机械接触及施加任何压力即可使开关动作，从而驱动直流电器或给计算机装置提供控制指令。接近开关是一种开关型传感器（即无触点开关），它既有行程开关、微动开关的特性，同时具有传感性能，且动作可靠、性能稳定、频率响应快、应用寿命长、抗干扰能力强等，并具有防水、防震、耐腐蚀等特点。产品有电感式，电容式，霍尔式，交、直流型。

接近开关的外形和电路图形符号如图 3-22 所示。

(a)   (b)

图 3-22　接近开关的外形和电路图形符号
(a) 外形；(b) 电路图形符号

第 2 节　低压熔断器的安装和检测技巧

熔断器是根据电流超过规定值一段时间后，以其自身产生的热量使熔体熔化，从而使电路断开；运用这种原理制成的一种电流保护器。熔断器广泛应用于高、低压配电系统和控制系统以及用电设备中，作为短路和过电流的保护器，是应用最普遍的保护器件之一。

常用的低压熔断器有陶瓷插入式（RC1A 系列）、密闭管式（RM10 系列）、螺旋式（RL7 系列）、填充料式（RT20 系列）等多种类型。瓷插式灭弧能力差，只适用于故障电流较小的线路末端使用。其他几种类型的熔断器均有灭弧措施，分断电流能力比较强，密闭管式结构简单，螺旋式更换熔管时比较安全，填充料式的断流能力更强。

9 　瓷插入式熔断器

瓷插入式熔断器常用于 380V 及以下电压等级的线路末端，作为配电支线或电气设备的短路保护用。瓷插入式熔断器的外形如图 3-23 所示。

图 3-23　瓷插入式熔断器的外形

陶瓷插入式（RC1A 系列）主要由瓷盖、瓷座、动触点、静触点和熔丝等组成。具有结构简单、价格低廉、更换方便等特点，使用时将瓷盖插入瓷座，拔下瓷盖便可更换熔丝，其结构如图 3-24 所示。

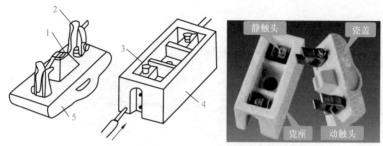

图 3-24　陶瓷插入式（RC1A 系列）的结构
1—熔丝；2—动触点；3—静触点；4—瓷座；5—瓷盖

10 螺旋式熔断器

熔断器上的上端盖有一熔断指示器，一旦熔体熔断，指示器马上弹出，可透过瓷帽上的玻璃孔观察到，它常用于机床电气控制设备中。螺旋式熔断器由瓷套、瓷帽、熔断管和接线端子等组成。螺旋式熔断器分断电流较大，可用于电压等级 500V 及以下、电流等级 200A 以下的电路中，作短路保护。

螺旋式熔断器的外形如图 3-25 所示。螺旋式熔断器的结构如图 3-26 所示。

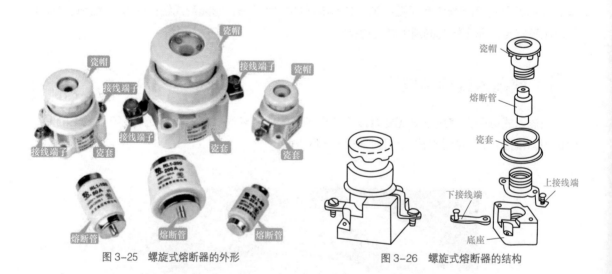

图 3-25　螺旋式熔断器的外形　　　　图 3-26　螺旋式熔断器的结构

11 有填料封闭式熔断器

有填料封闭式熔断器一般用方形瓷管，内装石英砂及熔体，分断能力强，用于电压等级 500V 以下、电流等级 1kA 以下的电路中。有填料封闭式熔断器的外形如图 3-27 所示。

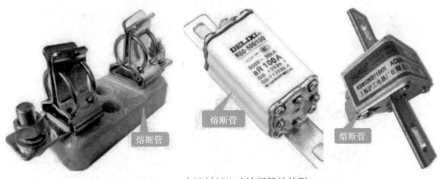

图 3-27　有填料封闭式熔断器的外形

12　无填料密闭式熔断器

无填料密闭式熔断器将熔体装入密闭式圆筒中，分断能力稍小，用于 500V 以下、600A 以下电力网或配电设备中。无填料封闭式熔断器的外形如图 3-28 所示，其结构如图 3-29 所示。

图 3-28　无填料封闭式熔断器的外形

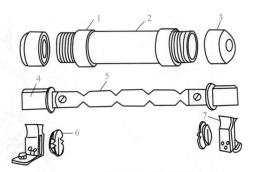

图 3-29　无填料封闭式熔断器的结构
1—黄铜圈；2—纤维管；3—黄铜帽；4—刀形接触片；
5—熔片；6—垫圈；7—刀座

13　快速熔断器

快速熔断器是熔断器的一种，快速熔断器主要用于半导体整流元件或整流装置的短路保护。由于半导体元件的过载能力很低，只能在极短时间内承受较大的过载电流，因此要求短路保护具有快速熔断的能力。快速熔断器的结构和有填料封闭式熔断器基本相同，但熔体材料和形状不同，它是以银片冲制的有 V 形深槽的变截面熔体。

快速熔断器的熔丝除了具有一定形状的金属丝外，还会在上面点上某种材质的焊点，其目的为了使熔丝在过载情况下迅速断开。

快速熔断器的外形如图 3-30 所示。

图 3-30 快速熔断器的外形

14 熔断器的检测技巧

熔断器的常见故障一般为开路和接触不良。熔断器的种类较多，但检测方法基本相同。正常情况下，熔断器的阻值一般接近 0Ω。由于熔断器的阻值较小，一般采用较小的电阻挡。数字万用表用最低电阻挡，指针万用表选用"×10"或"×1"。

被测熔断器的外形如图 3-31 所示。

步骤 1 选择万用表的"×1"挡，并调零，如图 3-32 所示。

图 3-31 被测熔断器的外形的识读

图 3-32 选择万用表的"×1"挡，并调零

步骤 2 将红、黑表笔分别搭在被测熔断器的两端的金属壳上，此时万用表显示为 1Ω，即正常，如图 3-33 所示。

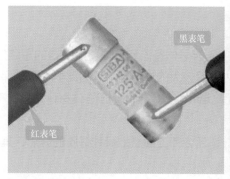

图 3-33 被测熔断器的测量(一)

步骤 3　将红、黑表笔分别搭在被测熔断器的两端的金属壳上，此时万用表若显示为无穷大，则表明被测熔断器已经损坏，如图 3-34 所示。

图 3-34　被测熔断器的测量（二）

总结：若所测阻值接近 0 Ω，则表明被测熔断器良好；若所测阻值为无穷大，则表明被测熔断器已经损坏；若所测阻值不稳定（时大时小），则表明被测熔断器内部接触不良。

第 3 节　断路器的安装和检测技巧

15 断路器的功能

断路器是指能够关合、承载和开断正常回路条件下的电流并能在规定的时间内关合、承载和开断异常回路条件下的电流的开关装置。断路器按其使用范围分为高压断路器与低压断路器，高、低压界线划分比较模糊，一般将 3kV 以上的称为高压电器。

断路器可用来分配电能，不频繁地启动异步电动机，对电源线路及电动机等实行保护，当它们发生严重的过载或者短路及欠电压等故障时能自动切断电路，其功能相当于熔断器式开关与过欠热继电器等的组合。而且在分断故障电流后一般不需要变更零部件。目前，已获得了广泛的应用。

16 断路器结构原理

断路器一般由触头系统、灭弧系统、操动机构、脱扣器、外壳等构成。

当短路时，大电流（一般 10~12 倍）产生的磁场克服反力弹簧，脱扣器拉动操动机构动作，开关瞬时跳闸。当过载时，电流变大，发热量加剧，双金属片变形到一定程度推动机构动作（电流越大，动作时间越短）。

有电子型的，使用互感器采集各相电流大小，与设定值比较，当电流异常时微处理器发出信号，使电子脱扣器带动操动机构动作。

断路器的作用是切断和接通负荷电路，以及切断故障电路，防止事故扩大，保证安全运行。而高压断路器要开断 1500V，电流为 1500~2000A 的电弧，这些电弧可拉长至 2m 仍然继续燃烧不熄灭。故灭弧是高压断路器必须解决的问题。

吹弧熄弧的原理主要是冷却电弧减弱热游离，另外，通过吹弧拉长电弧加强带电粒子的复合和扩散，同时把弧隙中的带电粒子吹散，迅速恢复介质的绝缘强度。

低压断路器也称为自动空气开关，可用来接通和分断负载电路，也可用来控制不频繁启动的电动机。它的功能相当于闸刀开关、过电流继电器、失压继电器、热继电器及漏电保护器等电器部分或全部的功能总和，是低压配电网中一种重要的保护电器。

低压断路器具有多种保护功能（过负荷、短路、欠电压保护等）、动作值可调、分断能力高、操作方便、安全等优点，所以被广泛应用。低压断路器由操作机构、触点、保护装置（各种脱扣器）、灭弧系统等组成。

低压断路器的主触点是靠手动操作或电动合闸的。主触点闭合后，自由脱扣机构将主触点锁在合闸位置上。过电流脱扣器的线圈和热脱扣器的热元件与主电路串联，欠电压脱扣器的线圈和电源并联。当电路发生短路或严重过负荷时，过电流脱扣器的衔铁吸合，使自由脱扣机构动作，主触点断开主电路。当电路过载时，热脱扣器的热元件发热使双金属片上弯曲，推动自由脱扣机构动作。当电路欠电压时，欠电压脱扣器的衔铁释放，也使自由脱扣机构动作。分励脱扣器则作为远距离控制用，在正常工作时，其线圈是断电的，在需要距离控制时，按下启动按钮，使线圈通电。

17 断路器分类

根据结构形式，断路器可分为框架式断路器（万能式）和塑料外壳式断路器。

（1）框架式断路器。框架式断路器又称万能式断路器，是一种能接通、承载以及分断正常电路条件下的电流，也能在规定的非正常电路条件下接通、承载一定时间和分断电流的机械开关电器。万能式断路器用来分配电能和保护线路及电源设备的过负荷、欠电压、短路等。框架式断路器的外形如图 3-35 所示。

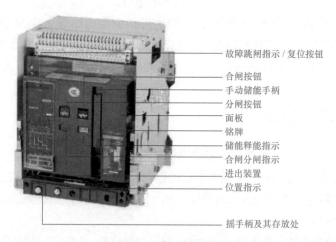

故障跳闸指示 / 复位按钮
合闸按钮
手动储能手柄
分闸按钮
面板
铭牌
储能释能指示
合闸分闸指示
进出装置
位置指示
摇手柄及其存放处

图 3-35 框架式断路器的外形

（2）塑料外壳式断路器。塑料外壳式断路器（以下简称断路器）一般作配电用，亦可为保护电动机之用。在正常情况下，断路器可分别作为线路的不频繁转换及电动机的不频繁启动之用。

配电用断路器，在配电网络中用来分配电能且作为线路及电源设备的过负荷、短路和欠电压保护。

保护电动机用断路器，在配电网络中用作笼型电动机的启动和运转中分断及作为笼型电动机的过负荷、短路和欠电压保护。欠电压保护还需要加装分励脱扣器。

塑料外壳式断路器的外形如图 3-36 所示。

图 3-36　塑料外壳式断路器的外形

18　断路器的接线方式

断路器的接线方式有板前、板后、插入式、抽屉式，用户如无特殊要求，均按板前供货，板前接线是常见的接线方式。

（1）板后接线方式。板后接线最大特点是可以在更换或维修断路器，不必重新接线，只须将前级电源断开。由于该结构特殊，产品出厂时已按设计要求配置了专用安装板和安装螺钉及接线螺钉，需要特别注意的是由于大容量断路器接触的可靠性将直接影响断路器的正常使用，因此安装时必须引起重视，严格按制造厂要求进行安装。

（2）插入式接线。在成套装置的安装板上，先安装一个断路器的安装座，安装座上 6 个插头，断路器的连接板上有 6 个插座。安装座的面上有连接板或安装座后有螺钉，安装座预先接上电源线和负荷线。使用时，将断路器直接插进安装座。如果断路器坏了，只要拔出坏的，换上一只好的即可。它的更换时间比板前、板后接线要短，且方便。由于插、拔需要一定的人力，因此插入式产品，其壳架电流限制在最大为 400A。从而节省了维修和更换时间。插入式断路器在安装时应检查断路器的插头是否压紧，并应将断路器安全紧固，以减少接触电阻，提高可靠性。

（3）抽屉式接线。断路器的进出抽屉是由摇杆顺时针或逆时针转动的，在主回路和二次回路中均采用了插入式结构，省略了固定式所必需的隔离器，做到一机二用，提高了使用的经济性，同时给操作与维护带来了很大的方便，增加了安全性、可靠性。特别是抽屉座的主回路触刀座，可与 NT 型熔断路器触刀座通用。

第 4 节　漏电保护器及其检测技巧

剩余电流保护器又称漏电保护器、漏电开关、漏电断路器，主要用来在设备发生漏电故障时以及对有致命危险的人身触电保护，具有过负荷和短路保护功能，可用来保护线路或电动机的过负荷和短路，亦可在正常情况下作为线路的不频繁转换启动之用。

19　剩余电流保护器的外形和电路图形符号

剩余电流保护器的外形和电路图形符号如图 3-37 所示。

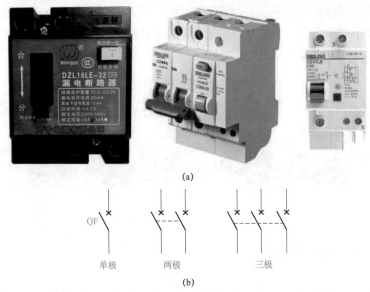

图 3-37　剩余电流保护器的外形和电路图形符号
(a) 外形；(b) 电路图形符号

20 断路器分类

按其保护功能和用途分类进行叙述，一般可分为漏电保护继电器、漏电保护开关和漏电保护插座三种。

（1）漏电保护继电器。漏电保护继电器指具有对漏电流检测和判断的功能，而不具有切断和接通主回路功能的漏电保护装置。漏电保护继电器由零序互感器、脱扣器和输出信号的辅助触点组成。它可与大电流的自动开关配合，作为低压电网的总保护或主干路的漏电、接地或绝缘监视保护。

（2）漏电保护开关。漏电保护开关指不仅他与其他断路器一样可将主电路接通或断开，而且具有对漏电流检测和判断的功能，当主回路中发生漏电或绝缘破坏时，漏电保护开关可根据判断结果将主电路接通或断开的开关元件。它与熔断器、热继电器配合可构成功能完善的低压开关元件。

（3）漏电保护插座。漏电保护插座指具有对漏电电流检测和判断并能切断回路的电源插座。其额定电流一般为 20A 以下，漏电动作电流为 6 ～ 30mA，灵敏度较高，常用于手持式电动工具和移动式电气设备的保护及家庭、学校等民用场所。

21 断路器的结构原理

在了解触电保护器的主要原理前，有必要先了解一下什么是触电。触电指的是电流通过人体而引起的伤害。当人手触摸电线并形成一个电流回路的时候，人身上就有电流通过；当电流的大小足够大的时候，就能够被人感觉到以至于形成危害。当触电已经发生的时候，就要求在最短的时间内切除电流，如果通过人的电流是 50mA 的时候，就要求在 1s 内切断电流，如果是 500mA 的电流通过人体，那么时间限制是 0.1s。

图 3-38 是简单的漏电保护装置的原理图。从图中可以看到漏电保护装置安装在电源线进户

处，也就是电能表的附近，接在电能表的输出端，即用户端侧。
图中把所有的家用电器用一个电阻 R_L 替代，用 R_N 替代接触者
的人体电阻。

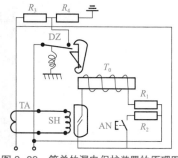

图 3-38　简单的漏电保护装置的原理图

图中的 TA 表示"电流互感器"，它是利用互感原理测量
交流电流用的，所以叫"互感器"，实际上是一个变压器。它
的一次线圈是进户的交流线，把两根线当作一根线并起来构成
一次线圈。二次线圈则接到"舌簧继电器"SH 的线圈上。

所谓的"舌簧继电器"就是在舌簧管外面绕上线圈，当
线圈里通电的时候，电流产生的磁场使得舌簧管里面的簧片
电极吸合，来接通外电路。线圈断电后簧片释放，外电路断开。总而言之，这是一个小巧的继
电器。

原理图中开关 DZ 不是普通的开关，它是一个带有弹簧的开关，当克服弹簧力把它合上以后，
要用特殊的钩子扣住它才能够保证处于通的状态；否则一松手就又断了。

舌簧继电器的簧片电极接在"脱扣线圈"YT 电路里。脱扣线圈是个电磁铁的线圈，通过电
流就产生吸引力，这个吸引力足以使上面说的钩子解脱，使得 DZ 立刻断开。因为 DZ 就串在用
户总电线的相线上，所以脱了扣就断了电，触电的人就得救了。

漏电保护器之所以可以保护人，首先它要"意识"到人触了电。那么漏电保护器是怎样知道
人触电了呢？从图中可以看出，如果没有触电，电源两根线里的电流肯定在任何时刻都是一样大的，
方向相反。因此 TA 的一次线圈里的磁通完全地消失，二次线圈没有输出。如果有人触电，相当
于相线上有经过电阻，这样就能够连锁导致二次线圈上有电流输出，这个输出就能够使得 SH 的
触电吸合，从而使脱扣线圈得电，把钩子吸开，开关 DZ 断开，从而起到了保护的作用。

22 漏电保护器的检测技巧

漏电保护器的外形和结构，如图 3-39 所示。

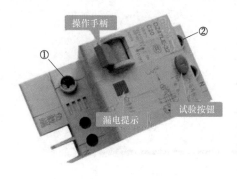
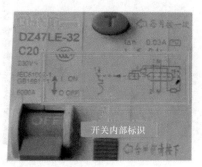

图 3-39　漏电保护器的外形和结构

检测依据：正常情况下，若漏电保护器处于"OFF"位置时，①脚和②脚处于断开状态；若
漏电保护器处于"ON"位置时，①脚和②脚处于导通状态。

步骤 1　选择万用表的"×1"挡，并调零，如图 3-40 所示。

图 3-40 选择万用表的"×1"挡，并调零

步骤 2 漏电保护器处于"OFF"位置时，将黑、红表笔（不分正、负）分别搭在①脚和②脚上，此时万用表显示为无穷大，即处于断开状态，如图 3-41 所示。

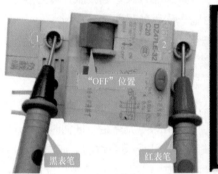 

图 3-41 漏电保护器处于"OFF"位置时的测量

步骤 3 保持黑、红表笔不动，将漏电保护器处于"ON"位置，此时万用表显示为 0，即处于导通状态，如图 3-42 所示。

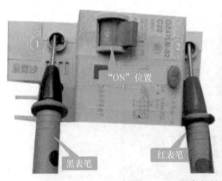 

图 3-42 漏电保护器处于"ON"位置时的测量

总结：漏电保护器处于"OFF"位置时，①脚和②脚应处于断开状态；漏电保护器处于"ON"位置时，①脚和②脚应处于导通状态导通状态。若漏电保护器处于"OFF"位置，而测得阻值为零，则表明被测漏电保护器内部触点粘连；若漏电保护器处于"ON"位置，而测得阻值为无穷大，则表明被测漏电保护器内部触点断路损坏。

第 5 节　继电器的安装和检测技巧

继电器是一种电控制器件，是当输入量的变化达到规定要求时，在电气输出电路中使被控量发生预定的阶跃变化的一种电器。它具有控制系统（又称输入回路）和被控制系统（又称输出回路）之间的互动关系。通常应用于自动化的控制电路中，它实际上是用小电流去控制大电流运作的一种"自动开关"。故在电路中起着自动调节、安全保护、转换电路等作用。

按继电器的工作原理或结构特征可分为电磁继电器、固体继电器、温度继电器、舌簧继电器、时间继电器、高频继电器、极化继电器等。

23　电磁继电器

（1）电磁继电器的作用和外形。电磁继电器是最常用的继电器，它是依靠电磁线圈在通过直流或交流电流产生磁场吸引衔铁或动铁芯带动触点动作，实现电路的接通或断开。在电力拖动控制、保护及各类电器的遥控和通信中用途广泛。电磁继电器简称 MER，在电路用字母 K 或 KA 表示。电磁继电器的外形如图 3-43 所示。

图 3-43　电磁继电器的外形

（2）电磁继电器的电路图形符号。电磁继电器可分为动断型、动合型和转换型，其电路图形符号见表 3-1。

表 3-1　　　　　　　　　　　　　　　　　　电磁继电器的电路图形符号

线圈符号	触点符号	
KR	KR-1	动合触点，称 H 型
	KR-2	动断触点，称 D 型
	KR-3	转换触点（切换），称 Z 型
KR1	KR1-1　　　　KR1-2　　　　KR1-3	
KR2	KR2-1　　　　KR2-2	

（3）电磁继电器的原理。电磁继电器的工作原理如图 3-44 所示。

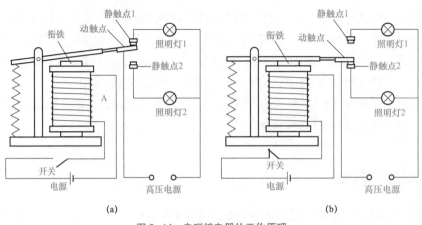

图 3-44　电磁继电器的工作原理
(a) 开关断开；(b) 开关闭合

　　开关没有接通时，励磁线圈因没有电流通过而没有产生磁场，衔铁靠复位弹簧的拉动作用向上翘起，动触点与静触点 1 处于接通状态，动触点与静触点 2 处于断开状态，此时照明灯 1 亮而照明灯 2 不亮。

　　开关接通后，励磁线圈有电流通过而产生磁场，衔铁的磁力吸引动触点而向下移动，此时动触点与静触点 2 处于接通状态，动触点与静触点 1 处于断开状态，此时照明灯 2 亮而照明灯 1 不亮。

　　从而实现了低电压小电流控制高电压大电流电路的作用。

24　固态继电器

　　固态继电器是利用半导体器件来代替传统机械运动部件作为触点的切换装置，是一种无触点开关器件，又称为固体继电器，其英文名称为 Solid　State　Relag，简称 SSR，是一种新型电子继电器。

　　（1）固态继电器的内部结构识读技巧。固态继电器主要由输入电路、光电耦合器、驱动放大电路、输出电路等组成，其内部结构和电路图形符号如图 3-45 所示。

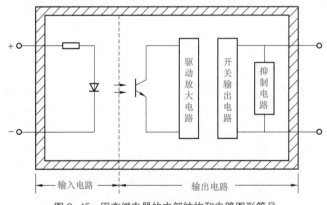

图 3-45　固态继电器的内部结构和电路图形符号

1）输入电路。输入电路是为固态继电器的触发信号提供回路，可分为交流输入和直流输入。

2）光电耦合器。光电耦合器由发光二极管、光敏三极管等组成，其作用是实现光—电转换。

3）驱动放大电路。驱动放大电路的功能电路包括检波整流、过零点检测、放大、加速、保护等，触发电路的作用是向输出器件提供触发信号。

4）开关输出电路和抑制电路。输出电路是在触发信号的驱动下，实现对负荷供电的通断控制。输出电路主要由输出器件和起瞬间抑制作用的吸收回路组成，有的还包括反馈电路。固体继电器的输出器件主要采用光敏二极管、晶闸管、MOS 场效应管等。

当在输入端加上合适的直流电压或脉动电压时，输出端连接的电路之间就会呈现导通状态；当输入端直流电压或脉冲消失后，输出端就会呈开路状态。

固态继电器具有工作可靠、寿命长、无噪声、无火花、无电磁干扰、开关速度快、抗干扰能力强、体积小、耐冲击、防爆、防腐蚀等优点，并且还可与 DTL、HTL 和 TTL 等逻辑电路兼容，实现以微弱小信号来控制高电压、大电流负荷的作用。但是也存在一些有一定通态压降，断态漏电流，交、直流不通用，触点组数少，散热等问题，同时其过电流、过电压和电压上升率，电流上升等性能较差。

（2）直流固态继电器的结构和电路图形符号识读技巧。

1）直流固态继电器的外形。直流固态继电器的输入端接直流控制电路，输入端接直流负载，直流固态继电器的外形、电路图形符号如图 3-46 所示。

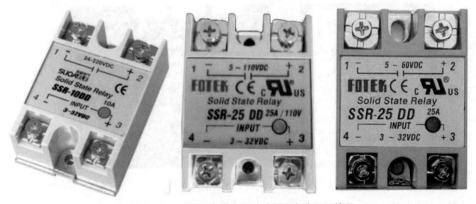

图 3-46　直流固态继电器的外形和电路图形符号

2）直流固态继电器的电路结构。直流固态继电器的电路结构如图 3-47 所示。

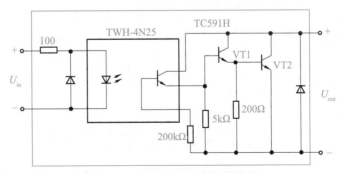

图 3-47　直流固态继电器的电路结构

3）直流固态继电器的等效电路。直流固态继电器的等效电路如图 3-48 所示。

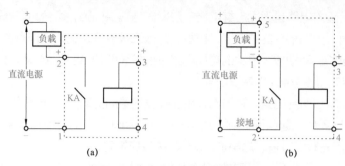

图 3-48　直流固态继电器的等效电路
(a) 四个引脚的直流固态继电器；(b) 五个引脚的直流固态继电器

4）直流固态继电器引脚极性的识读技巧。固态继电器的类型和引脚极性可通过外表标注的字符来识别。直流固态继电器的输入端标注内容一般含有"+、−、DC、INPUT（或 IN）等"字样。直流固态继电器的输出端一般标有"+、−、DC 等"字样，其中，DC 表示直流。

25　交流固态继电器

交流固态继电器的输入端接直流控制电路，输入端接交流负荷，其外形如图 3-49 所示。

图 3-49　交流固态继电器的外形

交流固态继电器的内部电路结构和等效电路如图 3-50 所示。

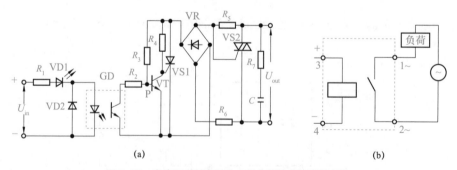

图 3-50　交流固态继电器的内部电路结构和等效电路
(a) 内部电路结构；(b) 等效电路

交流固态继电器的类型和引脚极性可通过外表标注的字符来识别。交流固态继电器的输入端标注内容一般含有"+、−、AC、INPUT（或 IN）等"字样。交流固态继电器的输出端一般标有"~、AC 等"字样，其中，AC 表示交流。

26 热继电器

利用热效应而动作的继电器，一般作为交流电动机的过负荷保护使用。热继电器包括温度继电器和电热式继电器，其中温度继电器则随外界温度升至标称值时而动作；电热式继电器则随电路中电流过大产生热量而导致机械变形动作。热继电器有两相结构、三相结构、三相带断相保护装置等三种类型。

（1）热继电器的结构。热继电器主要由热元件、触头、双金属片、弹簧等组成，如图3-51所示。

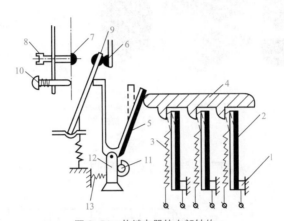

图3-51 热继电器的内部结构
1—接线端子；2—主双金属片；3—热元件；4—推动导板；
5—补偿双金属片；6—动断触头；7—动合触头；8—复位调节螺钉；
9—动触点；10—复位按钮；11—偏心轮；12—支撑件；13—弹簧

（2）热继电器的工作原理。主触点通常有两极或三极之分，串接在电动机的供电电路中，当电动机的工作电流平衡或不过负荷时，通过电阻丝和主双金属片的电流在安全范围内，发热量较少，主双金属片保持平直状态，导板所补偿双金属片的推力作用向右靠近主双金属片，动触点与动断触点保持接触，使得公共接线端31与动断接线端32之间导通。

当电动机过负荷或缺相运行造成局部绕组电流过大，过负荷电流通过热继电器的电阻与主双金属片组成的发热元件产生高温，促使双金属片下端朝左翘曲，通过导板推动补偿双金属片绕活动轴转动，使推杆推动 U 型弹片上端朝右侧活动，下端弹动动触片朝左弹动，动触点与动断触点脱离与动合触点接触，使得公共接线端31与动断接线端32断开与动合接线端33接通，使电动机主回路中的交流接触器的线圈断电，主触点分析，电动机脱离电源受到保护。

专 家 提 示

补偿双金属片能够根据环境温度变化自动调整开关的动作电流阈值。调整上面的电流调旋钮可以设定保护电流动作阈值。

（3）热继电器的类型。根据极数多少不同可以分为单极、两极和三极三种类型。单极热继电器只能对电动机供电中的其中一只供电进行过流检测，而当电动机局部电流过大时则无能为力；两极热继电器可以检测电动机的两路供电电流，这对于采用星形接法的电动机非常有效，而对于采用三角形接法电动机缺相运行时，不能完全实施检测保护；三极热继电器能同时对电动机三极供电电流实施检测保护，其电路图形符号如图3-52所示。

常用热继电器的外形如图3-53所示。

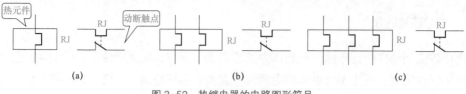

图 3-52　热继电器的电路图形符号
(a) 单极型；(b) 双极型；(c) 三极型

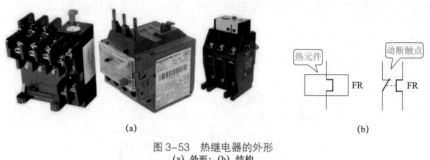

图 3-53　热继电器的外形
(a) 外形；(b) 结构

（4）热继电器的型号命名。国产热继电器的型号组成如图 3-54 所示。

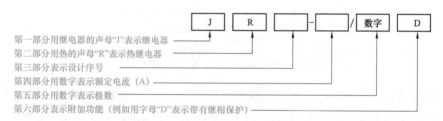

第一部用继电器的声母"J"表示继电器
第二部分用热的声母"R"表示热继电器
第三部分表示设计序号
第四部分用数字表示额定电流（A）
第五部分用数字表示极数
第六部分表示附加功能（例如用字母"D"表示带有继相保护）

图 3-54　国产热继电器的型号命名

例如，型号为 JRO-20/3 的热继电器，其额定电流为 20A，3 极结构。

27 时间继电器

（1）时间继电器的特点和外形。时间继电器是电气控制系统中一个非常重要的元器件，在许多控制系统中，需要使用时间继电器来实现延时控制。时间继电器是一种利用电磁原理或机械动作原理来延迟触点闭合或分断的自动控制电器。其特点是，自吸引线圈得到信号起至触点动作中间有一段延时。时间继电器一般用于以时间为函数的电动机启动过程控制。常见时间继电器的外形如图 3-55 所示。常见时间继电器的识读如图 3-56 所示。

（2）时间继电器的类型。时间继电器的类型较多，主要有电磁式、空气阻尼式、电动式、晶体管式等类型，常见的有电子式、阻尼式和电动式时间继电器。

1）电磁式时间继电器。电磁式时间继电器主要由时间控制部分和电磁继电器组成。由时间控制部分对输入信号进行延时后由电磁继电器去执行通断动作。结构简单、价格较低，但延时时间短（0.3 ~ 0.6s），只适用于直流电路和断电延时场合，且体积和质量较大。

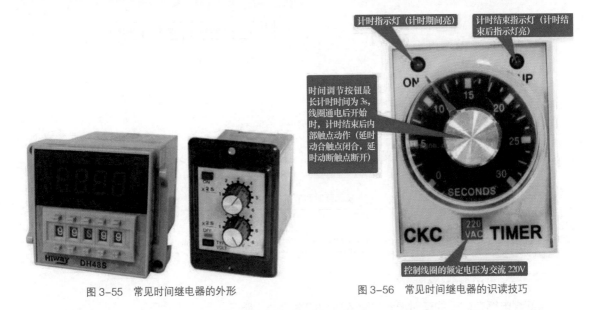

图 3-55　常见时间继电器的外形　　　　图 3-56　常见时间继电器的识读技巧

2）空气阻尼式时间继电器。主要指其延时部分是利用气囊储存空气输入信号电流经线圈产生磁场吸引衔铁压迫气囊排出空气，通过不同节流的原理来获得一段时间延时后通过执行机构来接通或关断被控电路。结构简单、延时时间长（0.4 ～ 180s），可用于交流电路，但延时准确率较低。

3）电动式时间继电器。指其时间控制部分是由电动机带动计时机构而延时动作的时间继电器。具有延时精确度高，且延时时间长（几秒到几十小时），但价格较贵。例如中挡洗衣机中的正、反转延时开关（由电动机端动型）。

4）机械式时间继电器。指其时间控制部分是由机械表进行延时控制，动片适时关闭或断开的时间控制继电器。例如应用于台式落地电风扇的定时器，也叫定时开关。

5）电子式时间继电器。指时间延时控制部分由电子电路进行计时，可根据预定时间接通或分断电路。例如适用于电冰箱的时间控制器，具有接通时间调整及指示和分断时间调整及指示功能。

（3）时间继电器的电路图形符号。时间继电器的电路符号主要由线圈符号和触点两部分构成，如图 3-57 所示。

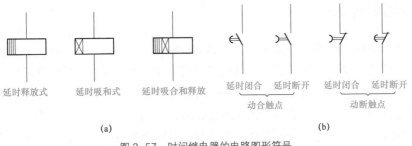

图 3-57　时间继电器的电路图形符号
(a) 线圈符号；(b) 触点符号

（4）时间继电器的型号命名。国产时间继电器的型号中各部分含义如图 3-58 所示。

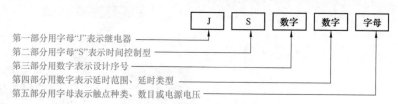

第一部分用字母"J"表示继电器
第二部分用字母"S"表示时间控制型
第三部分用数字表示设计序号
第四部分用数字表示延时范围、延时类型
第五部分用字母表示触点种类、数目或电源电压

图 3-58 时间继电器的型号命名

具体到各系列也有不同的含义。其中表示延时调节范围的数字含义见表 3-2。

表 3-2　　　　　　　　　　　　　　　　表示延时调节范围的数字含义

数字	1	2	3	4	5	6	7
延时调节范围	0.4 ～ 8s	2 ～ 40s	10 ～ 240s	1 ～ 20min	5 ～ 120min	0.5 ～ 12h	3 ～ 72h

（5）时间继电器的接线。

时间继电器在灯泡的延时熄灭电路的应用如图 3-59 所示。

启动　　急停

延时熄灭

AH3-3(JSZ3-3)

图 3-59 时间继电器在灯泡的延时熄灭电路
的应用

28 速度继电器

（1）速度继电器的外形和电路图形符号。速度继电器通过对电动机的转速进行检测，经接触器对电动机进行速度控制，主要应用于机床电动机控制中。而作用于单相电动机中启动开关作用的继电器也属于速度继电器。速度继电器的外形和电路图形符号，如图 3-60 所示。

（2）速度继电器的原理。速度继电器示意图如图 3-61 所示。

速度继电器转子的轴与被控电动机的轴相连接，而定子套在转子上。当电动机转动时，速度继电器的转子随之转动，定子内的短路导体便切割磁场，产生感应电动势，从而产生电流。此电流与旋转的转子磁场作用产生转矩，于是定子开始转动。当转到一定角度时，装在定子轴上的摆锤推动簧片动作，使动断触点分断，动合触点闭合。当电动机转速低于某一值时，定子产生的转

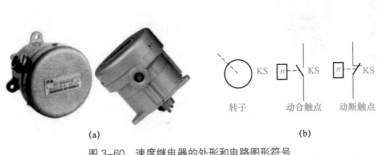

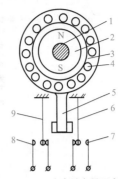

图 3-60 速度继电器的外形和电路图形符号
(a) 外形；(b) 电路图形符号

图 3-61 速度继电器示意图
1—转轴；2—转子；3—定子；4—绕组；
5—摆锤；6、9—簧片；7、8—静触点

矩减小，触点在弹簧作用下复位。

常用的速度继电器有 YJ1 型和 JFZ0 型。通常速度继电器的动作转速为 120r/min，复位转速在 100r/min。

29 压力继电器

压力继电器是利用液体的压力来启闭电气触点的液压电气转换元件。当系统压力达到压力继电器的调定值时，发出电信号，使电气元件（如电磁铁、电动机、时间继电器、电磁离合器等）动作，使油路卸压、换向，执行元件实现顺序动作，或关闭电动机使系统停止工作，起安全保护作用等。

压力继电器的外形和电路图形符号如图 3-62 所示。

图 3-62 压力继电器的外形和电路图形符号
(a) 外形；(b) 电路图形符号

30 中间继电器

（1）中间继电器的识读。中间继电器用于继电保护与自动控制系统中，以增加触点的数量及容量。它用于在控制电路中传递中间信号。

中间继电器的结构和原理与交流接触器基本相同，与接触器的主要区别在于：接触器的主触点可以通过大电流，而中间继电器的触点只能通过小电流。所以，中间继电器只能用于控制电路中。中间继电器一般是没有主触点的，因为过负荷能力比较小。所以中间继电器用的全部都是辅助触点，数量比较多。

中间继电器一般是直流电源供电。少数使用交流供电。

中间继电器的外形和电路图形符号如图 3-63 所示。

图 3-63　中间继电器的外形和电路图形符号
(a) 外形；(b) 电路图形符号

（2）中间继电器的接线。中间继电器在电路的应用如图 3-64 所示。

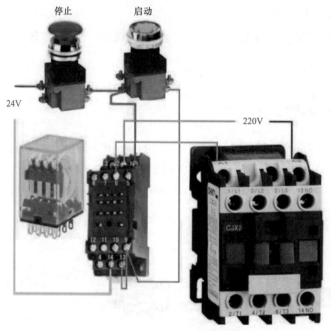

图 3-64　中间继电器在电路的应用

第 6 节　接触器及其检测技巧

31　交流接触器的结构和原理

交流接触器常采用双断口电动灭弧、纵缝灭弧和栅片灭弧三种灭弧方法。用以消除动、静触点在分、合过程中产生的电弧。容量在 10A 以上的接触器都有灭弧装置。交流接触器还有反作用弹簧、缓冲弹簧、触点压力弹簧、传动机构、底座及接线柱等辅助部件。

交流接触器的外形和电路图形符号，如图 3-65 所示。

交流接触器的工作原理是利用电磁力与弹簧弹力相配合，实现触点的接通和分断的。交流接触器有 失电（释放）和得电（动作）两种工作状态。当吸引线圈通电后，使静铁芯产生电磁吸力，衔铁被吸合，与衔铁相连的连杆带动触点动作，使动断触点断接触器处于得电状态；当吸引线圈

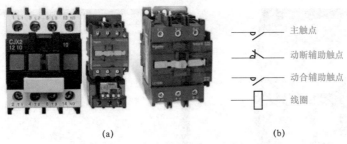

图 3-65 交流接触器的外形和电路图形符号
(a) 外形；(b) 电路图形符号

断电时，电磁吸力消失，衔铁在复开，使动合触点闭合，在弹簧作用下释放，所有触点随之复位，接触器处于失电状态。

32 交流接触器的检测技巧

被测接触器的外形和标识如图 3-66 所示。由图可看出：该接触器的 A1 和 A2 引脚为内部线圈的引脚，1/L1、3/L2、5/L3、2/T1、4/T2、6/T3 和 13NO、14NO 分别为内部开关引脚。线圈通电后，引脚 1/L1 与 2/T1、3/L2 与 4/T2、5/L3 与 6/T3、13NO 与 14NO 同时接通。

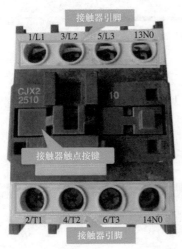

图 3-66 被测接触器的外形和标识

检测依据：正常情况下，接触器内部线圈的阻值一般为几百到几千欧姆（不同型号其线圈阻值有所不同）；线圈不通电时，开关对应的引脚不导通；用螺钉旋具按压接触器的开关触点按键或线圈通电后，其内部开关对应的引脚导通。

被测接触器的检测步骤如下：

步骤 1　将黑、红表笔分别搭在接触器的线圈 A1 和 A2 引脚，此时万用表显示为 610Ω，即正常，如图 3-67 所示。

步骤 2　在线圈不通电或不按压接触器的开关触点按键时，将黑、红表笔分别搭在接触器的 1/L1 与 2/T1 引脚，此时万用表显示无穷大，即正常，如图 3-68 所示。

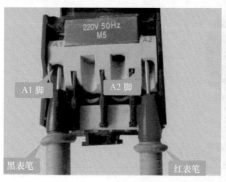

图 3-67　接触器的线圈 A1 和 A2 引脚之间阻值的测量

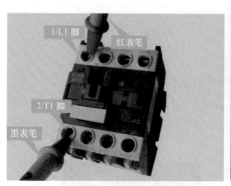

图 3-68　接触器 1/L1 与 2/T1 引脚之间阻值的测量

步骤 3　用螺钉旋具按压接触器的开关触点按键时，将黑、红表笔分别搭在接触器的 13NO 与 14NO 引脚，此时万用表显示为 0Ω，即正常，如图 3-69 所示。

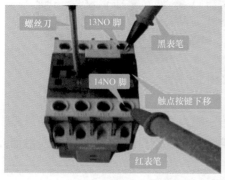

图 3-69　接触器 13NO 与 14NO 引脚之间阻值的不带电测量

步骤 4　将电源线接入 220V 交流电压，同时将黑、红表笔分别搭在接触器的 13NO 与 14NO 引脚，此时万用表显示为 0Ω，即正常，如图 3-70 所示。

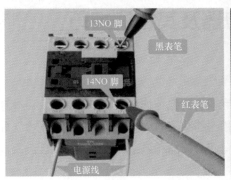
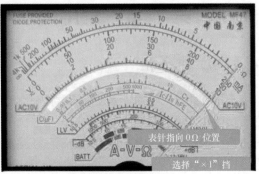

图 3-70　接触器 13NO 与 14NO 引脚之间阻值的带电测量

总结：给接触器线圈加上 220V 交流电压时，测量 13NO 与 14NO 引脚之间阻值为 0Ω，则表明被测接触器正常。若被测接触器线圈的阻值接近 0Ω 或无穷大，则表明被测接触器内部线圈损坏。若接触器内部开关处于断开状态时，其阻值为 0Ω，则表明被测接触器内部触点粘连。若接触器内部开关处于闭合状态时，其阻值为无穷大，则表明被测接触器内部触点断路损坏。若测得接触器内部的四组开关，有任一组损坏，都表明被测接触器损坏。

33 直流接触器

直流接触器是指用在直流回路中的一种接触器，主要用来控制直流电路（主电路、控制电路和励磁电路等）。直流接触器的铁芯与交流接触器不同，它没有涡流的存在，因此一般用软钢或工业纯铁制成圆形。由于直流接触器的吸引线圈通以直流，所以没有冲击的启动电流，也不会产生铁芯猛烈撞击现象，因而它的寿命长，适用于频繁启停的场合。交、直流接触器的选用可根据线路的工作电压和电流查电器产品目录。直流接触器的外形和电路图形符号，如图 3-71 所示。

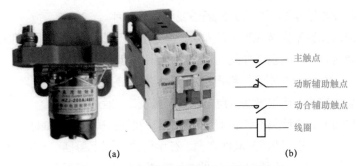

(a)　　　　　　　　　　　　　　　　　　　　　(b)

图 3-71　直流接触器的外形和电路图形符号
(a) 外形；(b) 电路图形符号

当接触器线圈通电后，线圈电流产生磁场，使静铁芯产生电磁吸力吸引动铁芯，并带动触点动作：动断触点断开，动合触点闭合，两者是联动的。当线圈断电时，电磁吸力消失，衔铁在释放弹簧的作用下释放，使触点复原：动合触点断开，动断触点闭合。

第7节　常用高压电器及其检测技巧

34　高压断路器

（1）高压断路器的特点。高压断路器具有比较完善的灭弧结构和足够的断流能力，能在正常送电时带负荷接通和断开高压电路。在严重过负荷和短路故障时，与继电保护装置配合，能自动地断开过负荷电流和短路电流。常用的高压断路器有油断路器和真空断路器等。高压断路器的外形如图3-72所示。

图3-72　高压断路器的外形
(a) 有油断路器；(b) 真空断路器

（2）高压断路器的常见故障和处理方法。

1）断路器不能合闸。断路器不能合闸的故障原因和处理方法如下：

a）传动机构卡住或安装、调整不当；应检修传动机构，正确地安装、调整。

b）辅助开关触点接触不良；应检修辅助开关。

c）铁芯顶杆松动变位；应检修、调整铁芯顶杆。

d）合闸回路断线或熔丝熔断；应修复断线或更换熔断片。

e）合闸线圈内部铜套不光滑或铁芯不光滑，导致卡涩现象；应修磨铜套和铁芯。

2）断路器不能跳闸。断路器不能跳闸的故障原因和处理方法如下：

a）参照断路器不能合闸的原因并参照断路器不能合闸的处理方法。

b）继电保护装置失灵，应检查测试继电保护装置及二次回路。

c）油断路器缺油（油位计见不到油），油断路器缺油的故障原因和处理方法如下：

● 漏油使油面过低。应立即断开操作电源，在手动操作把上悬挂"不准拉闸"的警告牌，将负荷从其他方面切断，停电检修漏油部位。此时油断路器只能当隔离开关使用。

● 油位计堵塞。应清除油位计中的脏物，使其指示正常。

35　高压隔离开关

（1）高压隔离开关的特点。高压隔离开关的主要用途是断开无负荷的电路，保证电气设备在检修中或处于备用状态时，能与运行的电气设备隔离，确保运行和检修的安全。此外，隔离开关还可用在无负荷下切换电路，例如从一组母线切换到另一组母线。由于隔离开关没有灭弧装置，不能开断负荷电流和短路电流，因此不允许带负荷合闸和拉闸。合闸时，必须先合上隔离开关，然后才能合上断路器；拉闸时，必须在断路器切断以后才能拉开隔离开关。高压隔离开关的外形如图 3-73 所示。

(a)　　　　　　　　　　　　　　(b)

图 3-73　高压隔离开关的外形
(a) 户内高压隔离开关；(b) 户外高压隔离开关

（2）高压隔离开关的常见故障和处理方法。

1）隔离开关拉不开。高压隔离开关的故障原因和处理方法如下：

a）接触部分卡住；应停电检修接触部分。

b）传动机构失灵；应停电检修。

2）接触部分发热或变色。接触部分发热或变色的故障原因和处理方法如下：

a）压紧弹簧松弛或螺栓松动；应停电更换弹簧或拧紧螺栓。

b）隔离开关接触不良；应停电检修接触部分。

（3）带负荷拉闸和合闸。带负荷拉闸和合闸的故障原因和处理方法为：违反操作规程，导致隔离开关误操作。

a）带负荷误拉闸时，如在拉开后就发现误拉闸，应继续拉闸到底，注意不要重新合闸。如系分相拉闸，应在该相拉闸完毕后，停止其他相的拉闸，改用断路器操作。

b）带负荷误合闸后，在未切除负荷之前，不许再把误合闸的隔离开关重新拉开。

36　高压负荷开关

（1）高压负荷开关的特点。高压负荷开关是一种小功率的断路器。它具有简单的灭弧装置，可在额定电压和额定电流下接通和断开高压电路，但不能断开短路电流。在农村电力网中，高压负荷开关与高压熔断器配合使用，由高压负荷开关切断负荷电流，由高压熔断器作过载和短路保护，可以代替高压断路器。高压负荷开关的外形如图 3-74 所示。

（2）高压负荷开关的常见故障和处理方法。

1）三相触点不能同时分断。三相触点不能同时分断的故障原因和处理方法为：传动机构失灵；应检修传动机构，调整弹簧压力。

2）触点损坏。触点损坏的故障原因和处理方法为：由电弧烧损而引起；应修整或更换触头。

图 3-74 高压负荷开关的外形

3）灭弧装置损坏。灭弧装置损坏的故障原因和处理方法为：由电弧烧损而引起；应更换灭弧装置。

37 高压熔断器

（1）高压熔断器的特点。高压熔断器串联于高压线路中，当过载电流或短路电流通过熔断器时，熔丝熔断，从而使电路断开，达到保护电网和电气设备的目的。高压熔断器按其使用环境可分为户内式和户外式，按其熔体作特性，可分为固定式和跌落式。在农村 6~10kV 配电线路中，广泛采用跌落式高压熔断器来保护变压器，并兼作隔离开关的作用。高压熔断器具有结构简单、价格低廉、使用维护方便、尺寸小等优点，其缺点是高压熔断器的保护特性往往不够理想，容易造成越级跳闸，增加停电的范围。跌落式高压熔断器的外形如图 3-75 所示。

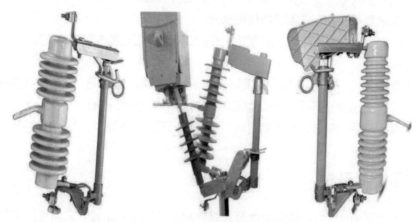

图 3-75 跌落式高压熔断器的外形

跌落式高压熔断器的结构如图 3-76 所示。它主要由作为固定支架的瓷绝缘子和活动的熔丝管组成。熔丝穿过熔丝管被拉紧在上、下动触点间，能使上部的活动关节锁紧，这时熔丝管就能在上、下静触点的压力下处于合闸位置。当熔丝熔断时，熔丝管在上、下弹性触片的推力和熔丝自重的作用下自动跌落，形成明显的隔离间隙。跌落式熔断器还可以做成重合式，即在每一相装两只熔管，一只为常用，一只为备用，当常用熔丝管跌落时，可借助于重合机构使备用熔丝管立即投入运行，恢复供电。

（2）高压熔断器的常见故障和处理方法。

1）熔丝熔断。熔丝熔断的故障原因和处理方法如下：

①过载或电气设备短路；应减少负载或排除短路，更换熔丝。

②熔丝容量选得太小；应更换熔丝。

③熔丝质量不好；应更换熔丝。

2）跌落式熔断器熔丝管烧坏。跌落式熔断器熔丝管烧坏的故障原因和处理方法如下：

熔断器上、下转轴安装不正或转动不灵活，使熔丝熔断时熔丝管不能迅速跌落；应停电检修熔断器，更换熔丝管。

3）跌落式熔断器熔丝管误跌落。跌落式熔断器熔丝管误跌落的故障原因和处理方法如下：

①操作马虎，未合紧熔丝管；应重新合上熔丝管。

②熔断器上部静触点的弹簧压力过小，或熔断器上盖被烧损、磨损，不能挡住熔丝管；应停电检修熔断器，调整上部静触点的弹簧压力。

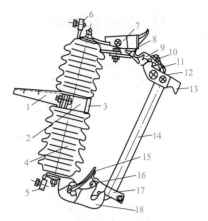

图 3-76 跌落式高压熔断器的结构
1—后抱箍；2—前抱箍；3—抱箍衬垫；4—瓷绝缘子；5—下接线部分；6—上接线部分；7—脱扣罩；8—上弹性触片；9—上动触点；10—熔丝接线上端；11—熔丝；12—消弧管；13—熔管夹头；14—熔丝管；15—下弹性触片；16—熔丝接线下端；17—下动触头；18—支承座

38 电压互感器

电压互感器的作用是：在高电压的交流电路中，用电压互感器将高电压转变为低电压（通常为 100V），作为测量仪表、继电保护装置及指示电路的电源。电压互感器的工作原理与变压器相同。电压互感器的图形符号如图 3-77 所示，其原理接线图如图 3-78 所示。电压互感器的外形如图 3-79 所示。

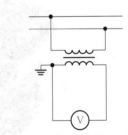

图 3-77 电压互感器的图形符号

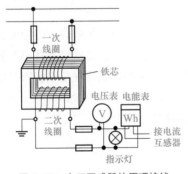

图 3-78 电压互感器的原理接线

图 3-79 电压互感器的外形

电压互感器的一次线圈并联在高压电路中，二次线圈与测量仪表、继电保护装置、指示电路等并联。在运行中的电压互感器二次侧不允许短路，否则会烧坏二次线圈。为防止短路，避免短路电流的破坏作用，在电压互感器的一次侧和二次侧都要装有熔断器。此外，电压互感器的二次线圈和外壳应接地，以免电压互感器的绝缘被击穿时，二次线圈和外壳上出现的高压使工作人员发生危险和仪表遭到损坏。

39 电流互感器

电流互感器的作用是：在大电流的交流电路中，电流互感器将大电流转变为小电流（通常为5A），以供测量仪表、继电保护装置及指示电路用。电流互感器的工作原理与变压器相同。其图形符号如图 3-80 所示，原理接线图如图 3-81 所示，其外形如图 3-82 所示。

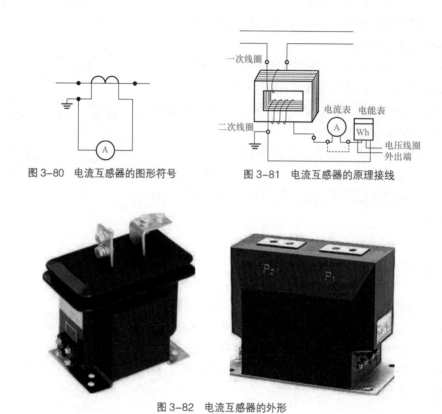

图 3-80　电流互感器的图形符号　　　图 3-81　电流互感器的原理接线

图 3-82　电流互感器的外形

电流互感器的一次线圈串联在主电路（被测电路）中，二次线圈与测量仪表、继电保护装置、指示电路等连接。在运行中的电流互感器二次线圈不允许开路，否则会在二次线圈两端产生高压，危及人身安全，并会烧坏电流互感器。因此，对运行中的电流互感器，如需在二次侧拆装仪表时，必须先将二次侧短路后才能进行拆装。而且，在二次侧不允许装设熔断器或隔离开关。为了安全起见，电流互感器二次线圈的一端和外壳应接地，以防高压危险。

第4章

电子元器件的识读和检测技巧

第1节 电阻器的识读和检测技巧

1 固定电阻器的种类特点

固定电阻器的种类特点见表 4-1。

表 4-1   固定电阻器的种类特点

电阻器的类型	电阻器的特点	电阻器的外形
碳膜电阻器 $\frac{R}{\square}$	碳膜电阻器是在高温、真空下分离出来的晶体碳墨镀在陶瓷基体上而形成。其外表土黄色,有光泽	
金属膜电阻器 $\frac{R}{\square}$	金属膜电阻器外表常为深蓝色,具有一定光泽,多采用五道色环表示其标称阻值和允许误差	
金属氧化膜电阻器 $\frac{R}{\square}$	金属氧化膜电阻器是将锡和锑的金属盐溶液,在高温状态下喷涂在旋转的陶瓷基体上而制成。它具有抗氧化、耐酸、抗高温等优点,但阻值一般偏小且表面积大、光泽较差	
玻璃釉电阻器 $\frac{R}{\square}$	玻璃釉电阻器是在陶瓷骨架上涂一层银、铑等金属氧化物和玻璃釉黏合剂的混合物,再进行高温烧结而成。其特点是耐湿、稳定、耐高温等	
合成炭膜电阻器 $\frac{R}{\square}$	合成炭膜电阻器是将碳黑、填料和有机黏合剂或银、铑、钌等金属氧化物和玻璃釉黏合剂调配成悬浮浆料喷涂在陶瓷基体上,经高温熔和而成。它具有耐高温、耐潮湿、噪声小、阻值范围大等特点	

电阻器的类型	电阻器的特点	电阻器的外形
熔断电阻器 —[R]—	熔断电阻器也叫保险电阻器。外形有绕线型、金属膜型、金属氧化膜型和化学沉积膜型。当过流时会自动断开，对电路具有保护作用。阻值通常用色环标注	
水泥电阻器 —[R]—	水泥电阻器是将康铜、锰铜、镍铬合金电阻器丝绕制在绝缘骨架上，且两端和引线压接在一起，放置白色陶瓷框架内，用水泥矿质材料灌封而制成。在电路中，大功率电阻器多选用水泥电阻器	
绕线电阻器 —[R]—	绕线电阻器是将康铜、锰铜、镍铜合金的电阻器丝缠绕在绝缘瓷质基体上，两端引出线压制在引脚或支架上，外层涂抹玻璃釉而成。其阻值范围较大，并具有温度系数小、耐高温、负荷能力大（最高可达500W）、噪声系数小等特点，但频率特性较差	
集成电阻器 RN	集成电阻器也称为排电阻器，简称排阻。常见的有直插封装式（SIP）和表面贴装式（SMD）。它是将多只类型和参数相同的电阻器按照一定规律集成的组合型电阻器	
贴片电阻器 —[R]—	随着电路集成化的提高，电阻器开始超小型化生产，采用表面贴装方式直接焊接在电路板上，故称为贴片电阻器。贴片电阻器常见的有圆柱形和矩形。圆柱形电阻器的功率一般为 0.125 ~ 0.25W，矩形电阻器的功率一般为 0.0315 ~ 0.125W	

2 微调电阻器的种类特点识读技巧

微调电阻器的种类特点识读技巧见表 4-2。

表 4-2　　　　　　　　　　　　微调电阻器的种类特点识读技巧

电阻器的类型	电阻器的特点	典型电阻器的外形
微调电阻器	微调电阻器简称微调，常用在阻值不需经常调整的电路板中。该电阻器由定片和动片组成，通过调节动片的空间位置，可以改变电阻器值的大小。微调电位器可分为立式和卧式	
贴片微调电阻器	贴片微调电阻器是一种阻值可以调节的一种元件，因体积较小而不带转轴，但有调整部位。贴片微调电阻器可分为立式和卧式两种。常见贴片微调电阻器的功率一般为0.1 ~ 0.25W	

3 熔断电阻器的检测技巧

在电路中，若发现熔断电阻器表面发黑或烧焦（有时伴有焦味），可直接判定熔断电阻器已被烧毁。若熔断电阻器的表面没有任何痕迹，可通过测量来判定其是否正常。被测熔断电阻器的色环分别为"蓝、黑、黑、金、银"，其标称阻值为 60Ω，误差等级为 ±10%，如图 4-1 所示。

正常情况下，熔断电阻器的阻值较小，一般在几欧到几十欧，功率一般为 1/8 ~ 1W。

步骤 1　选择万用表的"×10"挡，并调零，如图 4-2 所示。

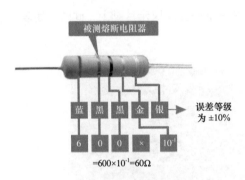

图 4-1　被测熔断电阻器的识读

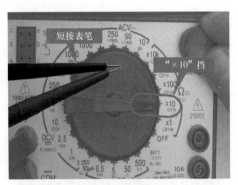

图 4-2　选择万用表的"×10"挡，并调零

步骤 2　将红、黑表笔分别搭在被测电阻器的两只引脚上，此时万用表显示为 60Ω，即正常，如图 4-3 所示。

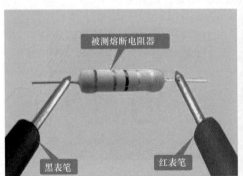

图 4-3　被测熔断电阻器的测量

总结：若所测阻值与标称阻值相同或相近，则表明被测熔断电阻器良好；若所测阻值高达几百欧或无穷大，则表明被测熔断电阻器已经损坏。

4 微调电阻器的检测技巧

被测微调电阻器的外形和识读，如图 4-4 所示。微调电阻器的两定片之间的阻值应接近或等于标称阻值；转动转轴测量动片与定片间的最大阻值应接近或等于标称的阻值，最小值应为 0 或接近 0。转动微调电阻器的调整部位，通过测量动片与定片间的阻值，就可以确定微调电阻器的性能。

步骤 1　选择万用表的"200kΩ"挡，如图 4-5 所示。

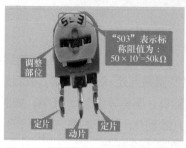
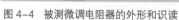

图 4-4 被测微调电阻器的外形和识读　　　图 4-5 选择万用表的"200kΩ"挡

步骤 2 检测两定片之间的阻值。将黑、红表笔分别搭在两只定片脚上，此时万用表显示为 50.2kΩ，如图 4-6 所示。

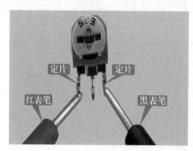

图 4-6 检测两定片之间的阻值

步骤 3 检测定片与动片之间的阻值。将黑、红表笔分别搭在一只定片和动片上，转动微调电阻器的调整部位，以检测微调电阻器的最大阻值 50.4kΩ，如图 4-7 所示。

图 4-7 检测定片与动片之间的阻值

步骤 4 检测微调电阻器的最小阻值。转动微调电阻器的调整部位，检测到微调电阻器的最小阻值接近 0，如图 4-8 所示。

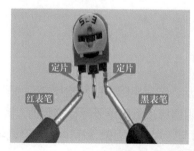

图 4-8 检测微调电阻器的最小阻值

总结：若微调电阻器两定片间的阻值过大或过小，则表明微调电阻器的电阻器体损坏；若最大电阻器为 0，则表明该电位器短路；若最小值不为 0 且显示一定数值，则表明微调电阻器断路或存在漏电现象。

第 2 节　敏感电阻器的识读和检测技巧

5　敏感电阻器的识读技巧

敏感电阻器的种类和特点识读见表 4-3。

表 4-3　　　　　　　　　　　　　敏感电阻器的种类和特点识读

电阻器的种类	电阻器的特点	常见电阻器的外形
正温度系数热敏电阻器 $\frac{R_T}{\theta}$	正温度系数热敏电阻器（简称 PTC）随着环境温度的升高而电阻器阻值变大，随着环境温度的降低而电阻器阻值降低。在常温下，热敏电阻器表现为低阻抗，常见的有 12、15、18、20、27、36、40Ω 等规格	
负温度系数热敏电阻器 $\frac{R_T}{\theta}$	负温度系数热敏电阻器（简称 NTC）随着环境温度的增高而电阻器阻值变小，随着环境温度的降低而电阻器阻值变大。负温度系数热敏电阻器用"MF"表示。热敏电阻器会出现击穿、开路、敏感性能下降或丧失等故障	
压敏电阻器 U	压敏电阻器是一种利用金属氧化物半导体材料的非引线特性制成的。主要参数是击穿电压。当外加电压处在其击穿电压以下时，压敏电阻器呈截止状态，对电路不起作用；当外加电压突变且超过其击穿电压时，其内阻迅速减小。压敏电阻器的文字符号用"MY"表示	
光敏电阻器	光敏电阻器是一种在两端加有一定电压时，其阻值能随光照强弱明显变化的电阻器。当光照弱时，其阻值较大；当光照强时，其阻值明显减小。光敏电阻器的文字符号用"MG"表示	

电阻器的种类	电阻器的特点	常见电阻器的外形
湿敏电阻器 MS	负湿度系数的湿敏电阻器是随着湿度的增大而阻值明显减小，随着湿度的减小而阻值明显增大。正湿度系数的湿敏电阻器是随着湿度的增大而阻值明显增大，随着湿度的减小而阻值明显减小。湿敏电阻器的文字符号用"MS"表示	
气敏电阻器 MQ R_T θ	气敏电阻器是一种阻值能随特定气体浓度改变而明显变化的电阻器，主要有 N 型、P 型和结型三种。N 型气敏电阻器采用氧化锌、氧化锡、氧化铜等材料制成，其阻值能随可燃气体浓度增大而减小；P 型气敏电阻器采用氧化镍、三氧化二铬等材料制成，其阻值能随被检测气体浓度增大而增大	

6　用数字万用表检测正温度系数热敏电阻器的技巧

被测热敏电阻器的标示为 16R，表示标称阻值为 16Ω，如图 4-9 所示。

正温度系数热敏电阻器的阻值随着温度的升高而降低。通过常态、热态和冷态下的检测阻值可判断被测热敏电阻器是否正常。

步骤 1　选择数字万用表的"200Ω"挡，如图 4-10 所示。

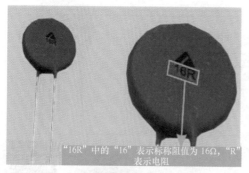

图 4-9　被测热敏电阻器的识读技巧

图 4-10　选择数字万用表的"200Ω"挡

步骤 2　常态检测。将黑、红表笔分别搭在被测热敏电阻器的两只引脚上，此时万用表显示为 15Ω，即正常，如图 4-11 所示。

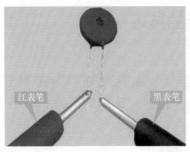 

图 4-11　被测热敏电阻器常态下的测量

步骤 3　热态检测。将烧热的电烙铁接近被测热敏电阻器，以使其温度升高，此时万用表显示阻值由 15Ω 变为 20Ω，即正常，如图 4-12 所示。

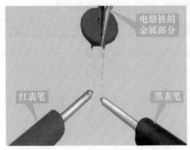 

图 4-12　热敏电阻器热态下的测量

步骤 4　冷态检测。在被测热敏电阻器上浸一定量的酒精，以使其温度降低。此时万用表显示阻值由 20Ω 减小到 13Ω，即正常，如图 4-13 所示。

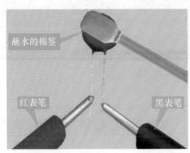 

图 4-13　热敏电阻器冷态下的测量

总结：在上述三种状态下，若阻值没有变化或变化较小，则表明被测热敏电阻器的性能不良，应予以更换。

专 家 提 示

　　热敏电阻器的标称阻值是在 25℃下测得的。在实际检测中，环境温度不一定正好是 25℃，故产生误差是正常的。如一只热敏电阻器的标称阻值为 20Ω，其误差等级为 ±20%，在室温下测得的阻值为 16~24Ω，都表明热敏电阻器是正常的。

7 用数字万用表检测压敏电阻器的技巧

被测压敏电阻器的识读技巧如图 4-14 所示。

正常情况下，压敏电阻器在常态下的阻值为无穷大，通过检测就可以判断其是否正常。

步骤 1 选择万用表的"×10k"挡，并调零，如图 4-15 所示。

图 4-14 被测压敏电阻器的识读技巧　　　图 4-15 选择万用表的"×10k"挡，并调零

步骤 2 将黑、红表笔分别搭在压敏电阻器的两只引脚上，此时万用表显示为无穷大，即正常，如图 4-16 所示。

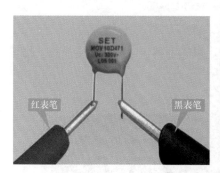

图 4-16 压敏电阻器的测量

总结：若压敏电阻器有阻值显示，则表明压敏电阻器已被击穿损坏。

专家提示

测量时双手不能同时触摸被测压敏电阻器的两只引脚，以免产生误差。同时也要注意一些压敏电阻器的负阻特性。

8 用数字万用表检测光敏电阻器的技巧

被测光敏电阻器的外形，如图 4-17 所示。

检测依据：光照较弱时，光敏电阻器的阻值较大；光照较强时，光敏电阻器阻值明显减小。

步骤 1 选择指针万用表的"×1k"挡，并调零，如图 4-18 所示。

图 4-17 被测光敏电阻器的外形　　　　图 4-18　选择万用表的"×1k"挡，并调零

步骤 2　亮阻检测。在光照射下，将黑、红表笔分别搭在被测光敏电阻器的两只引脚上，此时万用表显示 6.5kΩ，即正常，如图 4-19 所示。

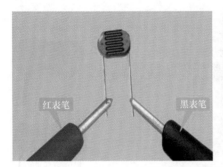

图 4-19　被测光敏电阻器的亮阻检测

步骤 3　暗阻检测。用一张不透光布盖住被测光敏电阻器，再次测量，此时万用表显示为 14.5kΩ，即正常，如图 4-20 所示。

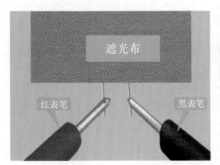

图 4-20　被测光敏电阻器的暗阻检测

总结：正常情况下，光敏电阻器的亮阻较小而暗阻较大。若光敏电阻器的阻值随着光照强度的变化而规律性变化，则表明被测光敏电阻器的性能良好。若所测阻值为无穷大，则表明被测光敏电阻器的内部开路。若所测阻值为零，则表明被测光敏电阻器短路。

专 家 提 示

　　光敏电阻器的外壳上一般没有标注标称阻值，通过测量其在亮光和暗光下的阻值变化即可判断其是否正常。

第3节　电容器的识读和检测技巧

9 电容器的识读技巧

电容器的种类和特点识读见表4-4。

表4-4　　　　　　　　　　　　　　　电容器的种类和特点识读

电容器的种类	电容器的特点	常见电容器的外形
瓷介电容器 ⊣⊢	在无机材料陶瓷基体两面涂抹银层，并焊接引线，外面采用代表温度系数的彩色绝缘保护漆封装而成。它具有造价低、体积小、稳定性好、耐高温、损耗小、绝缘电阻高、容量小的特点，无正负极之分	
云母电容器 ⊣⊢	云母电容器是利用无机云母作为介质的电容器。其容量小，一般为几皮法到几千皮法。它具有损耗小、频率特性好、可靠性高等特点，无正负极之分，主要用于高频电路	
玻璃釉电容器 ⊣⊢	玻璃釉电容器是利用无机玻璃釉薄片为介质的电容器。它具有介电系数大、耐高温、耐潮湿、损耗小等特点，无正负极之分。主要用于低压信号处理电路中	
涤纶电容器 ⊣⊢	涤纶电容器是采用有机涤纶薄膜作介质的电容器。它具有成本低、耐压、耐潮湿和耐热性能好等特点，但是稳定性差	
纸介电容器 ⊣⊢	纸介电容器是将电容纸与金属箔间隔卷制在一起并采用金属壳或其他材料封装而成。它具有成本低等优点，但分布电感和损耗较大，无极性之分。常见的有玻璃、陶瓷和金属外壳的纸介电容器	
独石电容器 ⊣⊢	独石电容器是多层陶瓷电容器的别称，广泛应用于电子精密仪器。独石电容器比一般瓷介电容器大且电容量大、体积小、可靠性高、电容量稳定、耐高温、绝缘性好、成本低等优点	
铝电解电容器 ⊣⊢	铝电解电容器具有容量大、绝缘电阻小、漏电流大、固有电感量大、高频特性差、稳定性差、存放长久易失效、温度系数大、成本低等特点。但有正负极性之分。多用于低频电路中作滤波或耦合使用，但注意正负极不能接反	

电容器的种类	电容器的特点	常见电容器的外形
微调电容器	微调电容器也叫半可变电容器,其容量可在较小范围内调整,并可在调整后固定在一个数值。常见有瓷介微调电容器、云母介质微调电容器等。均在动片和定片镀上半圆形镀层,旋转动片,可使两片的镀层相对面积发生改变而改变容量。主要用于不经常需要调整容量的电路中,而电路参数发生改变时,又可以调整容量来纠正电路参数偏差	

10 用指针万用表检测瓷介电容器技巧

被测瓷介电容器的标称为"100",表示其电容量为 10pF,如图 4-21 所示。

检测依据:搭建检测放大电路,在正常情况下,万用表"×10k"挡进行测量,表针先向右偏转,然后回到无穷大位置。

步骤 1 选择万用表的"×10k"挡,并调零,如图 4-22 所示。

图 4-21 被测瓷介电容器的标称

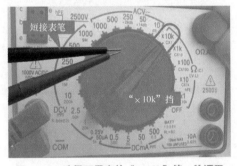

图 4-22 选择万用表的"×10k"挡,并调零

步骤 2 搭建检测放大电路,并将被测瓷介电容器接入电路,如图 4-23 所示。

步骤 3 将黑表笔接在基极上,红表笔接发射极上,此时表针先从无穷大位置向右偏转,然后回到无穷大位置,即正常,如图 4-24 所示。

总结:若表针不摆动,而一直停留在无穷大位置,则表明被测电容器断路。若表针能偏转,也能返回,但无法回到无穷大位置,则表明被测电容器漏电。若表针一直指在阻值较小或 0 位置不动,则表明被测电容器短路。

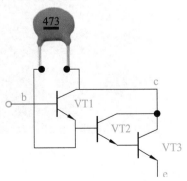

图 4-23 搭建检测放大电路

图 4-24　瓷介电容器的测量

11　电容器热稳定性的检测技巧

检测依据：正常情况下，电容器随着温度的变化其电容量的变化不大。

步骤 1　选择数字万用表的"200μF"挡，如图 4-25 所示。

步骤 2　将被测电容器的两只引脚分别插入数字万用表上的"CX"插孔中，如图 4-26 所示。

图 4-25　选择数字万用表的"200μF"挡　　图 4-26　将被测电容器插入"CX"插孔中

步骤 3　常温下测量。万用表显示为电容器的容量为 33.1μF，即正常，如图 4-27 所示。

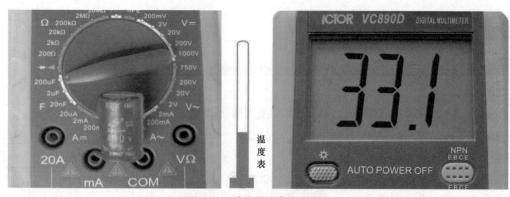

图 4-27　电容器的常温下测量

步骤 4　热态下测量。万用表显示为电容器的容量为 33.8μF，即正常，如图 4-28 所示。

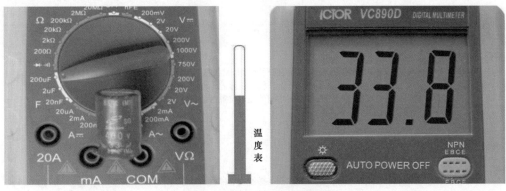

图 4-28　电容器的热态下测量

步骤 5　过热态下测量。万用表显示为电容器的容量为 38.1μF，即异常，如图 4-29 所示。

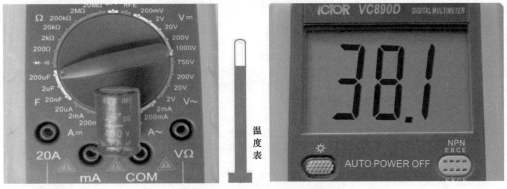

图 4-29　电容器的过热态下测量

总结：若电容器随着温度的升高其电容量变化不大，则表明被测电容器的热稳定性良好。若电容器随着温度的升高其电容量有明显的跳动，则表明被测电容器的性能不良。若电容器随着温度的升高其电容量变化越大，则表明被测电容器的热稳定性越差。

第 4 节　电感器的识读和检测技巧

12 常见电感器的识读技巧

常见电感器的种类和特点识读技巧见表 4-5。

表 4-5　　　　　　　　　　　　常见电感器的种类和特点识读技巧

电感器的种类	电感器的特点	常见电感器的外形
空芯电感器 L	将绝缘导线密绕或间隔绕制在绝缘骨架上或将绝缘骨架抽掉就制成了空芯电感器。间绕式电感器具有电感器小、分布电容小、高频特性好、Q 值高的特性。主要应用于高、中频电路中	

续表

电感器的种类	电感器的特点	常见电感器的外形
磁芯和铁芯电感器 L 磁芯 L 铁芯	将绝缘导线绕制在绝缘骨架上，然后穿插上配套的磁芯（铁芯）或直接绕制在磁芯（铁芯）上就构成了磁芯（铁芯）电感器。通过调整磁芯（铁芯）与线圈的相对位置可以调整其电感器量	
磁环电感器 L 磁芯	用于电源滤波的线圈就称为扼流线圈。多采用较粗的绝缘导线绕制在磁棒（环）上制成。其电感器量通常较大	
盘形电感器 L	用于振荡电路参与振荡的线圈称为振荡线圈。例如电磁炉中的加热线盘线圈与并联的 MKPH 型电容就组成并联谐振电路，其谐振频率 f_0 由加热线盘的电感器量 L 和并联电容的电容量 C 决定，即 $f_0=1/2\pi\sqrt{IC}$	
色环电感器 L	色环电感器的外形与普通电阻器基本相同，色环电感器是用色环标注电感器量和允许误差的，其外形如图所示。其电路图形符号与空芯电感器的电路图形符号完全相同。具有体积小，性能稳定，安装方便等特点	
贴片电感器 L	贴片电感器外观和贴片电容器较相似，均无标识，但是颜色较深一些。也可以通过旁边电路板上标识的字母"L"进行鉴别，而贴片电容器旁边有字母"C"	
可调电感器 L	可调电感器是利用旋转磁芯在线圈中的位置来改变电感器量，这种调整比较方便，彩色电视机电路中的中周就是可调电感器	

13 空心电感器的检测技巧

空心电感器常见的故障是线圈匝间短路和开路。空心电感器的故障检测通常是检测是否开路，但很难判断是否匝间短路。

空心电感器的外形如图 4-30 所示。正常情况下，空心电感器的阻值一般接近 0Ω。

步骤 1　选择数字万用表的"200Ω"挡，如图 4-31 所示。

图 4-30　空心电感器的外形

图 4-31　选择数字万用表的"200Ω"挡

步骤2　将黑、红表笔分别搭在空心电感器的两只引脚上，此时万用表显示阻值较小（实测0.33Ω），即正常，如图 4-32 所示。

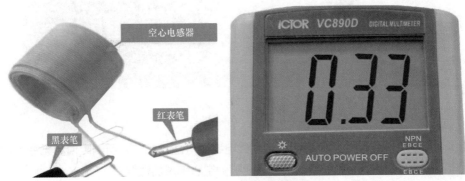

图 4-32　空心电感器的测量

总结：若所测有一定阻值，则表明被测空心电感器可能正常；若所测阻值为无穷大，则表明被测空心电感器断路；若所测阻值为 0，则表明被测空心电感器短路。

专 家 提 示

由于空心电感器的阻值很小，且匝间短路时的阻值减小也很少，故空心电感器匝间短路时无法用万用表检测。处理方法：把怀疑空心电感器用新的同型号空心电感器替换，若故障现象消失，则表明原空心电感器损坏。

14 立式电感器的检测技巧

立式电感器常见的故障是线圈匝间短路和开路。立式电感器的故障检测通常是检测是否开路，但很难判断是否匝间短路。

立式电感器的外形，如图 4-33 所示。正常情况下，立式电感器的阻值一般接近 0Ω。

步骤1　选取数字万用表的"200Ω"挡，如图 4-34 所示。

图 4-33　立式电感器的外形

图 4-34　选取数字万用表的"200Ω"挡

步骤2　将黑、红表笔分别搭在立式电感器的两只引脚上，此时万用表显示阻值较小（实测0.33Ω），即正常，如图 4-35 所示。

图 4-35　立式电感器的测量

总结：若所测有一定阻值，则表明被测立式电感器可能正常；若所测阻值为无穷大，则表明被测立式电感器断路；若所测阻值为 0，则表明被测空心电感器短路。

第 5 节　二极管的识读和检测技巧

15　二极管的类型识读技巧

在 PN 结上加上引线和封装，就成为一个二极管。二极管按结构分有点接触型、面接触型和平面型三大类。其结构如图 4-36 所示。

（1）点接触型二极管——PN 结面积小，结电容小，用于检波和变频等高频电路。

（2）面接触型二极管——PN 结面积大，用于工频大电流整流电路。

（3）平面型二极管——往往用于集成电路工艺中。PN 结面积可大可小，用于高频整流和开关电路中。

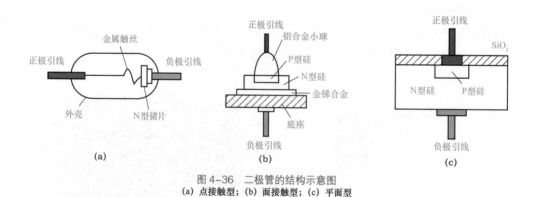

图 4-36　二极管的结构示意图
(a) 点接触型；(b) 面接触型；(c) 平面型

16　二极管的主要特性识读技巧

将一个 PN 结两端各接上一个电极引线，然后采用玻壳或塑料封装就构成一个二极管，其中与 P 区连接的电极叫正极，也叫阳极，与 N 区相连接的电极叫负极，也叫阴极。二极管结构和电路图形符号如图 4-37 所示，文字符号常用字母"VD"表示。

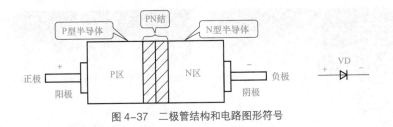

图 4-37　二极管结构和电路图形符号

17 二极管的识读技巧

二极管的种类和特点识读技巧见表 4-6。

表 4-6　　　　　　　　　　　　　　　　二极管的种类和特点识读技巧

二极管的种类	二极管的特点	常见二极管的外形
整流二极管 VD	整流二极管的作用是将交流电整流成脉动直流电。其参数主要有最大整流电流和额定功率。整流二极管根据额定功率大小不同，分别采用玻璃封装、表面封装、塑料封装和金属封装等多种形式	
开关二极管 VD	开关二极管在电路中对电流进行控制，起到接通与关断电路的作用。主要采用玻璃或陶瓷封装以减少分布电容，具有开关时间短、体积小、寿命长、可靠性高等特点	
检波二极管 VD	利用二极管的单向导电性将高频或中频载波中的半周信号去掉，然后经滤波电路取出载波中的低频或音频信号	
稳压二极管	利用稳压二极管反向击穿不随内部电流改变的特性来稳定电路中某个工作点的电压。在电路中，稳压二极管的正极接地，负极接受控点，工作在反向电压状态	
单色发光二极管	单色发光二极管在电路中只有正向连接才能正常工作，单色发光二极管的两端有较低电压时，该单色发光二极管不导通，也不发光	

18 用数字万用表在电路板上检测整流二极管技巧

待测整流二极管在电路板上的位置如图 4-38 所示。通过壳体上的标识，可区分整流二极管的正极和负极。

正常情况下，整流二极管有一定的正向导通压降，而反向处于截止状态。硅材料整流二极管的正向导通压降为 0.6~0.7V，锗材料整流二极管的正向导通压降为 0.2~0.3V。

步骤 1　对整流二极管两管脚进行清洁，去除引脚上的污物或胶层，如图 4-39 所示，以保证测量准确。

图 4-38 待测整流二极管的位置

图 4-39 除污

步骤 2 选择数字万用表的"二极管"挡,如图 4-40 所示。

图 4-40 选择数字万用表的"二极管"挡

步骤 3 将红表笔接整流二极管的正极引脚,黑表笔接负极引脚,此时万用表显示为 0.57V(即正向导通压降),即正常,如图 4-41 所示。

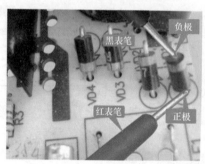

图 4-41 整流二极管正向压降的测量

步骤 4 将黑、红表笔对调再次测量,此时万用表显示为 1(即反向压降),即正常,如图 4-42 所示。

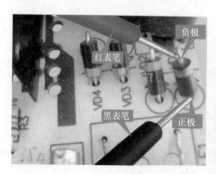

图 4-42 整流二极管反向压降的测量

总结：若所测整流二极管的正向导通压降和反向压降都接近无穷大，则表明二极管断路。若所测整流二极管的正向导通压降和反向压降都接近 0，则表明该二极管击穿短路。

19 用指针万用表检测开关二极管的技巧

若通过观察无法确定开关二极管的引脚极性时，可用测量法确定。被测开关二极管的外形，如图 4-43 所示。

正常情况下，开关二极管的正向阻值很小，一般约几十欧到几百欧；其反向阻值很大，一般情况下，锗管为几十千欧到几百千欧，而硅管在 10MΩ 以上。

步骤 1 选择指针万用表的"×10"挡，并调零，如图 4-44 所示。

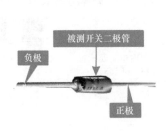

图 4-43 被测开关二极管的外形　　　　图 4-44 选择指针万用表的"×10"挡

步骤 2 将黑表笔搭在开关二极管的正极引脚上，红表笔搭在负极引脚上，此时万用表显示正向阻值为 60Ω，即正常，如图 4-45 所示。

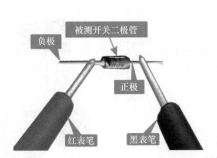

图 4-45 被测开关二极管的测量

步骤 3 交换黑、红表笔再次测量，此时万用表显示为无穷大，如图 4-46 所示。

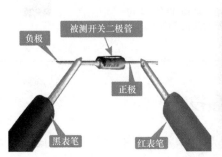

图 4-46 被测开关二极管的再次测量

总结：正常情况下，所测正向电阻器值较小而反向阻值越大越好。若所测正、反向阻值均为 0，则表明被测开关二极管击穿短路。若所测正、反向阻值均为无穷大，则表明被测开关二极管开路。

第 6 节　三极管的识读和检测技巧

20　三极管的识读技巧

三极管的种类和特点识读技巧见表 4-7。

表 4-7　三极管的种类和特点识读技巧

三极管的种类	三极管的特点	常见三极管的外形
小功率三极管	小功率三极管的功率一般小于 1W，在电子电路应用最多。国产的型号有 3AG1~3AG4、3AG11~3AG14、2CG21、3DG8、3DG30，进口的型号有 2N5551、2N5401、BC148、BC158、BC548、BC558、9011~9015、S9011~S9015、2SA1015、2SC1815、2SA673 等	
中功率三极管	中功率三极管的功率一般大于 1W 而小于 10W，主要应用于激励电路或驱动电路，通常都有散热孔，而有些带金属散热片。常见型号有 2SA940、2SC2073、2SC1815、2SB134、2N2944~2N2946 等	
大功率三极管	大功率三极管的功率一般在十几至几百瓦，由于耗散功率比较大，体积也较大，有金属封装、塑料封装，工作时产生的温度较高，均安装在较大面积的散热片上，其输出功率也与其散热效果有关	
中、低频三极管	低频三极管的特征频率通常小于 3MHz，中频三极管的特征频率大于 3MHz 而小于 30MHz。中、低频三极管的功率一般在 1W 以下，多用于工作频率较低的功率放大和低频放大的电路中	
高频三极管	高频三极管的特性频率通常大于 30MHz。其功率在 1W 以下，多用于工作频率较高的放大电路，振荡器、混频电路、控制电路等	

21　三极管引脚极性和类型的测量技巧

在实际应用中，若通过外观观察无法确定三极管的引脚极性时，可借助万用表进行测量。被测三极管的外形，如图 4-47 所示。

（1）基极（b）的确定。假设其中一只引脚为基极，通过测量该脚与其他两只引脚的正向阻值，就可以确定被测 PNP 型三极管的基极。若假设的基极与其他两只引脚的正向阻值都较小，则表明红笔所接的引脚为基极，且被测三极管为 PNP 型。

步骤 1　选择万用表的"×1k"挡，并调零，如图 4-48 所示。

图 4-47　被测 PNP 型三极管的外形　　　图 4-48　选择万用表"×1k"挡，并调零

步骤 2　将红表笔搭在三极管的假设基极上，黑表笔搭在另外任意一只引脚上，此时万用表显示阻值较小，如图 4-49 所示。

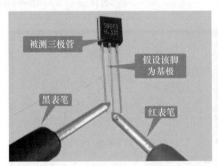
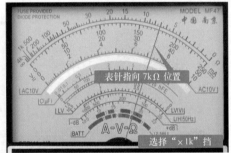

图 4-49　被测 PNP 型三极管的检测（1）

步骤 3　保持红表笔不动，将黑表笔搭在余下的其中一只引脚上，此时万用表显示阻值也较小，如图 4-50 所示。

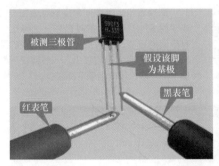

图 4-50　被测 PNP 型三极管的检测（2）

总结：两次测量正向阻值均较小，则表明红笔所接的引脚三极管的基极，且为 PNP 型。为证实判断的引脚为基极（b），可将黑表笔搭在已确定的三极管基极（b）引脚上，红表笔分别搭在余下的两只引脚上，此时若所测阻值均接近无穷大，则表明已确定的基极（b）引脚正确。若所测阻值一大一小，则表明已确定的基极（b）错误。

（2）集电极和发射极的确定。

步骤1 将黑表笔搭在三极管的基极（b）左侧的引脚上，红表笔搭在三极管的基极（b）右侧的引脚上，此时万用表显示接近无穷大，如图4-51所示。

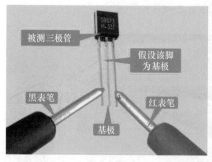

图4-51 被测PNP型三极管的再次检测（1）

步骤2 保持黑、红表笔不动，用手指同时接触基极和右边的引脚再次测量，此时万用表指针向右偏转，即由无穷大到表针指示值的变化量为R_1，如图4-52所示。

专家提示

手指同时接触基极和集电极，相当于给PNP三极管的基极加一个电压，当基极有电流通过时，发射极与集电极之间的阻值将减小，故测得的阻值较小。

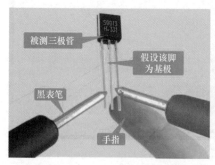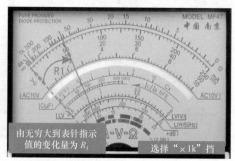

图4-52 被测PNP型三极管的再次检测（2）

步骤3 用手指同时接触基极和左边的引脚，将黑表笔搭在三极管的基极（b）右侧的引脚上，红表笔搭在三极管的基极（b）左侧的引脚上，此时万用表指针也向右偏转，即由无穷大到表针指示值的变化量为R_2，如图4-53所示。

专家提示

交换表笔，手指同时接触基极和发射极，相当于给PNP三极管的基极加一个电压，当基极有电流通过时，发射极与集电极之间的阻值也将减小，故测得的阻值较小。一般情况下，正向阻值下降较多，反向阻值下降较少。

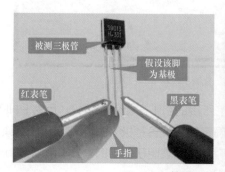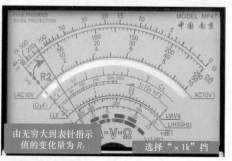

图4-53 被测PNP型三极管的再次检测（3）

总结：上述测量结果是 $R_2 > R_1$。

（1）以阻值较小（R_1）的一次为标准，红表笔所搭的引脚为发射极（e），黑表笔所搭的引脚为集电极（c）。

（2）以阻值较大（R_2）的一次为标准，黑表笔所搭的引脚为发射极（e），红表笔所搭的引脚为集电极（c）。

22 三极管材料的测量技巧

（1）NPN 型三极管材料的测量。NPN 型三极管的外形，如图 4-54 所示。在正常情况下，硅材料三极管的发射结的正向压降为 0.5~0.9V，锗材料三极管发射结的正向压降为 0.1~0.35V。

步骤 1　选择万用表的"二极管"挡，如图 4-55 所示。

图 4-54　NPN 型三极管的外形

图 4-55　选择万用表"二极管"挡

步骤 2　将黑表笔搭在三极管的基极（b）上，红表笔搭在发射极（e）上，此时万用表显示发射结的正向压降为 0.64V，即正常，则表明被测三极管是硅三极管，如图 4-56 所示。

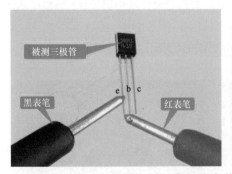

图 4-56　NPN 型三极管发射结正向压降的检测

（2）PNP 型三极管材料的测量。被测 PNP 型三极管的外形，如图 4-57 所示。

步骤 1　选择万用表"二极管"挡，如图 4-58 所示。

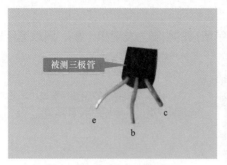

图 4-57　PNP 型三极管的外形

图 4-58　选择万用表"二极管"挡

步骤 2　将黑表笔搭在三极管的基极（b）上，红表笔搭在发射极（e）上，此时万用表显示发射结的正向压降为 0.35V，即正常，则表明被测三极管是锗三极管，如图 4-59 所示。

专家提示

若上述测量万用表显示发射极正向压降为0.60V，则表明被测三极管为硅三极管。

图 4-59　PNP 型三极管发射结正向压降的检测

23　三极管的检测技巧

被测 NPN 型三极管的外形，如图 4-60 所示。

三极管的基极（b）与发射极（e）、基极（b）与集电极（c）之间的正向压降：硅管一般为 0.5~0.7V、锗管一般为 0.2~0.4V，反向压降一般显示无穷大；发射极（e）与集电极（c）之间的正向和反向压降均显示无穷大。

步骤 1　选择数字万用表的"二极管"档，如图 4-61 所示。

图 4-60　被测 NPN 型三极管的外形

图 4-61　选择万用表的"二极管"挡

步骤 2 将红表笔搭在三极管的基极（b）上，黑表笔搭在发射极（e）上，此时万用表显示正向压降为 0.650V，即正常，如图 4-62 所示。交换黑、红表笔再次测量，此时万用表显示为无穷大，即正常。

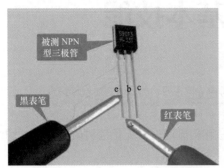

图 4-62 被测 NPN 型三极管发射结正向压降的检测

步骤 3 将红表笔搭在三极管的基极（b）上，黑表笔搭在集电极（c）上，此时万用表显示正向压降为 0.634V，即正常，如图 4-63 所示。交换黑、红表笔再次测量，此时万用表显示反向阻值接近无穷大，即正常。

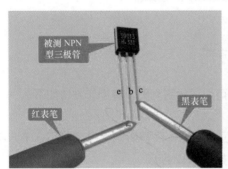

图 4-63 被测 NPN 型三极管集电结正向压降的检测

步骤 4 将黑、红表笔（不分正反）分别搭在三极管的发射极（e）与集电极（c）上，此时万用表显示为无穷大，即正常，如图 4-64 所示。交换黑、红表笔再次测量，此时万用表显示为无穷大，即正常。

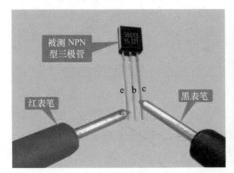

图 4-64 被测 NPN 型三极管集电极和发射极之间压降的检测

第5章

电工操作基本技能

第1节 导线线头绝缘层的剥离技巧

导线绝缘层的剥离有单层剥离法、分段剥离法和斜剥离法。无论哪种剥离方法，切剥时都不得损伤线芯。剥后的样子，如图5-1所示。

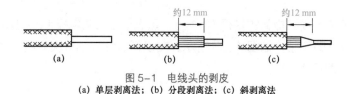

图5-1 电线头的剥皮
(a) 单层剥离法；(b) 分段剥离法；(c) 斜剥离法

1 塑料硬线线头绝缘层的剥离技巧

（1）线芯截面为4mm^{2}和以下的塑料硬线。可用钢丝钳剥离，其操作方法如下：

1）用左手拇、食两指先捏住线头。

2）按连接所需长度，用钳头刀口轻切绝缘层。注意：只要切破绝缘层即可，千万不可用力过大，使切痕过深，会使线芯损坏。操作方法，如图5-2所示。

（2）线芯截面大于4mm^{2}的塑料硬线。用电工刀剥离线芯截面大于4mm^{2}的塑料硬时，手握电工刀的姿势如图5-3所示。

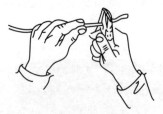

图5-2 线芯截面为4mm^{2}和以下的塑料硬线的剥离

图5-3 手握电工刀的姿势

线芯截面大于4mm^{2}的塑料硬线的剥离可用电工刀进行，其操作方法如下。

根据需要长度在合适位置做一个标记，如图5-4所示。

1）将电工刀以45°角斜切被测塑料硬线的绝缘层，如图5-5所示。

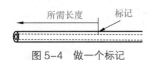

图 5-4 做一个标记

图 5-5 刀以 45° 角切入

2）压下刀身，夹角改为约 15° 后把刀身向线端推削，如图 5-6 所示。

3）把余下的绝缘层从端头处与芯线剥开，如图 5-7 所示。

图 5-6 刀以 15° 角向线端推削

图 5-7 把绝缘层从端头处与芯线剥开

2 塑料硬线中间绝缘层的剥离技巧

塑料硬线中间绝缘层的剥离只能用电工刀剥离，操作方法如下。

（1）将电工刀以 45° 角斜切被测塑料硬线的绝缘层，如图 5-8 所示。

（2）压下刀身，夹角改为约 15° 后把刀身向线端推削，如图 5-9 所示。

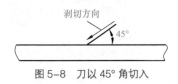

图 5-8 刀以 45° 角切入

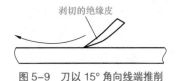

图 5-9 刀以 15° 角向线端推削

（3）把已剥离部分绝缘层弄到根部，如图 5-10 所示。

（4）把已剥离部分绝缘层从根部切断，如图 5-11 所示。

图 5-10 把已剥离部分绝缘层弄到根部

图 5-11 把已剥离部分绝缘层从根部切断

（5）用刀尖把余下绝缘层与芯线挑开，并把刀身伸入已挑开的缝中，接着用刀口切断一端，如图 5-12 所示。

（6）把余下绝缘层扳翻至切口根部后，可用电工刀把它切断，如图 5-13 所示。

图 5-12 把刀身伸入已挑开的缝中

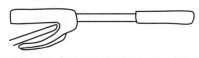

图 5-13 把余下绝缘层扳翻至切口根部

3 塑料软线线头绝缘层的剥离技巧

塑料绝缘软线的线头绝缘层除用剥线钳剥离外，也可利用钢丝钳进行剥离，但不可用电工刀来剥离。用钢丝钳剥离绝缘层的操作方法如下。

（1）接所需长度，用钳头刀口轻切绝缘层，如图 5-14 所示。

（2）接着应迅速移动钢丝钳握位，从柄部移至头部。在移位过程中不可松动已切破绝缘层的钳头。同时，左手食指应围绕一圈导线，并握拳捏住导线。然后两手反向同时用力，左手抽右手勒，即可把端部绝缘层脱离芯线，如图 5-15 所示。

专家提示

只要切破绝缘层即可，千万不可用力过大，使切痕过深，因软线每股芯线较细，极容易被切断，哪怕隔着未被切破的绝缘层，往往也会被切断。

专家提示

软线绝缘层剥离要求不准存在断股（一根细芯线称为一股）和长股（即部分细芯线较其余细芯线长，出现端头长短不齐），因长股的细芯线就是断裂在绝缘层内部的断股，剥离绝缘层后的芯线，出现断股或长股时，应切断后重新剥离绝缘层。

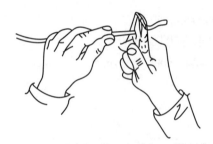

图 5-14 剥离绝缘层的操作方法（一）

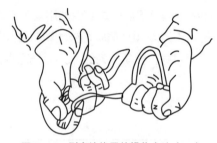

图 5-15 剥离绝缘层的操作方法（二）

4 塑料护套线的护套层的剥离技巧

塑料护套线只能进行端头连接，不允许进行中间连接。它有两层绝缘结构，外层统包着两根（双芯）或三根（三芯）同规格绝缘硬线，称护套层。在剥离芯线绝缘层前应先剥离护套层。

（1）护套层的剥离。护套层的剥离通常都采用电工刀进行剥离，其操作方法如下。

步骤 1 根据所需长度，用电工刀刀尖在界线上开始，从两芯线凹缝中划破护套层，如图 5-16 所示。

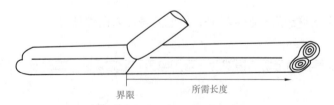

界限　　　所需长度

图 5-16 刀尖在界线上开始处理

步骤 2 剥开已划破的护套层，如图 5-17 所示。

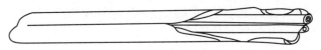

图 5-17　剥开已划破的护套层

步骤 3　把剥开的护套层向切口根部扳翻，并切断，如图 5-18 所示。

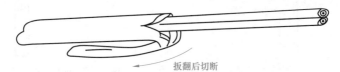

扳翻后切断

图 5-18　把剥开的护套层向切口根部扳翻，并切断

（2）芯线绝缘层的剥离。芯线绝缘层的剥离与塑料绝缘硬线端头绝缘层剥离方法完全相同。但切口相距护套层至少 10mm。所以，实际连接所需长度应以绝缘层切口为准，护套层切口长度应加上这段错开长度。塑料护套线芯线绝缘层的剥离，如图 5-19 所示。

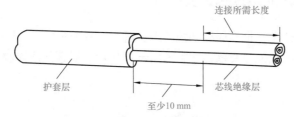

连接所需长度

护套层　　　　　　　　　芯线绝缘层

至少10 mm

图 5-19　塑料护套线芯线绝缘层的剥离

第 2 节　导线的连接技巧

5　单股铜芯导线之间的连接技巧

铜芯导线的连接一般采用缠绕法和绞接法，现常用的接头方法叙述如下。

（1）单股导线的平接头。两支线芯互绕 3 圈后，再将每支线芯去缠绕另一线芯 5~6 圈，如图 5-20 所示。

图 5-20　单股导线的平接头

（2）单股导线的丁字接头。用分支的导线线芯，往另一导线段的线芯上缠绕 5~6 圈，第 1 圈须将线芯本身打结扣住，以防脱落，如图 5-21 所示。

（3）单股导线的十字接头。用分支出去的一支线芯与导线并紧，另一分支线芯往导线段的线芯上缠绕 5~6 圈，如图 5-22 所示。

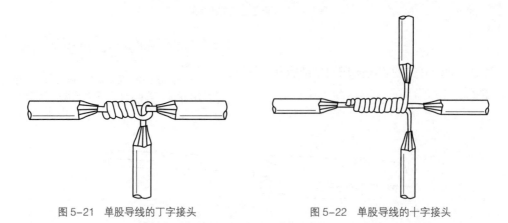

图 5-21　单股导线的丁字接头　　　　　　图 5-22　单股导线的十字接头

（4）单股导线的终端接头。当为两支导线时，两线芯互绞 5~6 圈，再向后弯曲。当为三、四支导线时，用其中一支线芯往其余线芯上缠绕 5~6 圈，然后把其余导线向后弯曲，如图 5-23 所示。

图 5-23　单股导线的终端接头

6　多股导线之间的连接技巧

（1）多股导线的平接头。把多股导线线芯顺次解开，并剪去中心一股，按图 5-24 中步骤 1 把两条导线的每支线芯顺次相互交错，然后再如步骤 2 和步骤 3 依次缠绕每股导线，如图 5-24 所示。

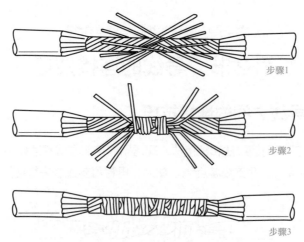

步骤1

步骤2

步骤3

图 5-24　多股导线的平接头

（2）多股导线的丁字接头。把需要分支的导线线芯分成两组如图 5-25 中的步骤 1，然后一组线芯向前、一组线芯向后缠绕在另一导线段的线芯上各 3~4 圈，如图 5-25 中的步骤 2。

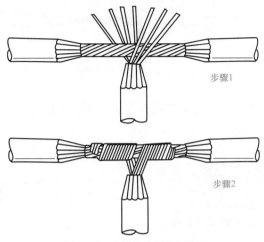

图 5-25   多股导线的丁字接头

7   软线与单股硬导线的连接技巧

先将软线线芯往单股硬导线上缠绕 7~8 圈，再把单股导线的线芯向后弯曲，如图 5-26 所示。

图 5-26   软线与单股导线的连接

8   单股铜芯导线的对接技巧

单股铜芯导线的对接操作步骤如下。

步骤 1   把两根线头在离芯线线跟部的 1/3 处，呈 X 状，如图 5-27 所示。

图 5-27   两根线头呈 X 状

步骤 2   将两线头胶合 2~3 圈，如图 5-28 所示。

图 5-28   将两线头胶合 2~3 圈

步骤 3   将一个线头扳起且与连接的两导线垂直，如图 5-29 所示。

图 5-29　将一个线头扳起且与连接的两导线垂直

步骤 4　将扳起的线头按顺时针方向在另一导线上紧缠 6~8 圈，缠好后，应剪去多余的线头，并把切口钳平，如图 5-30 所示。

专家提示

　　紧缠是指圈间没有缝隙且垂直排绕，即以被围绕的线头为轴心，围绕的每圈直径均垂直于轴心。

图 5-30　剪去多余的线头，并把切口钳平

步骤 5　另一端线头的缠绕方式与已缠绕的线头相同，如图 5-31 所示。

图 5-31　另一端线头的缠绕结束

9　**7 股铜芯导线的直线缠绕连接技巧**

缠绕连接法适用于电流容量较小的铝绞线（或铜绞线）的连接，其方法和操作步骤，如图 5-32 所示，接头长度见表 5-1。

表 5-1　　　　　　　　　　　　　　铝绞线缠绕连接法的接头长度

导线截面（mm²）		16	25	50	70	95
接头长度（mm）		200	300	400	500	600

步骤 1　被缠绕连接的 7 股导线。
步骤 2　将 7 股芯线的线头散开并拉直。
步骤 3　将接近绝缘层 1/3 线段的芯线进一步绞紧，此段为全长的 2/5。
步骤 4　将两伞骨状线端隔股对插，应相对插到底。
步骤 5　捏平交叉插入的芯线，并捋直每股芯线和使每股芯线的间隔均匀，最后用钢丝钳加紧叉口处，以消除空隙。
步骤 6　在一端，把相邻两股芯线在距叉口中线约 3 根单股芯线直径宽度处折起，并形成 90°。
步骤 7　把两股芯线按顺时针方向紧缠两圈后，在折回 90° 平卧在扳起前的平卧位置上。
步骤 8　将处于紧挨平卧前临近的两根芯线折成 90°，并按步骤 7 的方法操作。
步骤 9　把两股芯线按顺时针方向紧缠完毕。
步骤 10　将余下的三根芯线按步骤 7 的方法缠绕到第 2 圈时，把前 4 根芯线在根部分别切断，

并钳平。接着将三根芯线缠足三圈，然后剪去余端，钳平切口，不留毛刺。

步骤 11　把三股芯线按顺时针方向紧缠完毕。

步骤 12　另一侧按照步骤 6~11 进行操作完成。

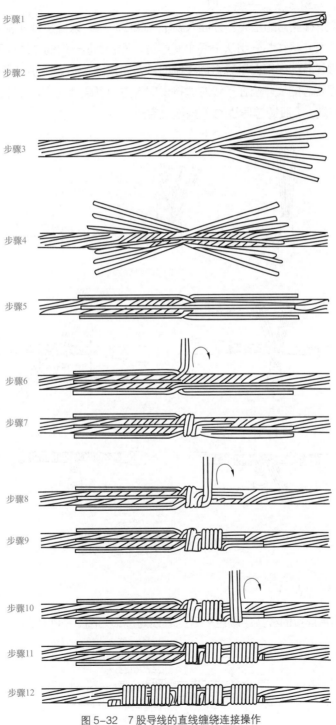

图 5-32　7 股导线的直线缠绕连接操作

10 7 股铜芯导线的 T 型连接技巧

7 股铜芯导线的 T 型连接操作如图 5-33 所示。

步骤 1　被缠绕连接的 7 股导线。

步骤 2　将 7 股芯线的线头散开并拉直，且在接近绝缘层 1/8 线段的芯线绞紧，余下 1/8 线段的芯线分为两组，一组 3 根，一组 4 根。

步骤 3　用一字形螺丝刀的金属部分插入到干线的线芯中，以便穿过 4 根线芯。

步骤 4　将支线为 4 根线芯一组从干线中间穿过，3 根线芯一组的芯线处于干线的外面。

步骤 5　将 3 根线芯的一组在干线右边按顺时针方向紧绕 3~4 圈，并钳平线端。

步骤 6　将 4 根线芯的一一组在干线左边按逆时针方向紧绕 4~5 圈，并钳平线端。

步骤 7　钳平线端，7 股铜芯导线的 T 型连接完成。

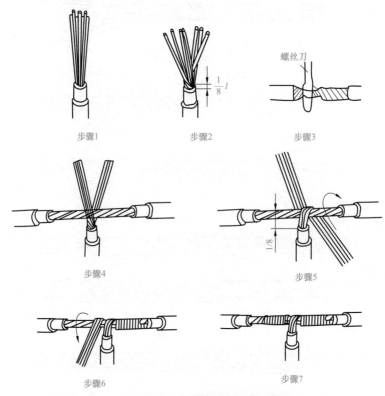

图 5-33　7 股铜芯导线的 T 型连接操作

11 双芯线的对接技巧

连接时，将两根待连接的线头中颜色一致的芯线对接，如图 5-34 所示。

图 5-34　双芯线的对接操作

12 单股线与多股线的连接技巧

单股线与多股线的连接应用于分支线路与干线之间的连接。连接操作如图 5-35 所示。

步骤 1　在距离多股线的左端绝缘层切口 3~5mm 处的芯线上,用一字形螺钉旋具的金属部分插入到多股线的线芯中,线芯尽量相等。

步骤 2　将单股芯线插入多股芯线的两组芯线中间,但单股芯线不要插到底,要留一定余量,绝缘层切口与多股芯线的距离应保持在 3mm 左右。

步骤 3　将单股芯线按顺时针方向紧绕在多股芯线上,且每圈直径应垂直多股芯线的轴心,应使圈圈紧挨密排,绕足 10 圈,最后剪去多余的单股芯线。

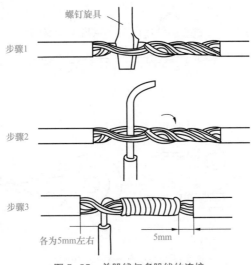

图 5-35　单股线与多股线的连接

13 铝导线(或铜、铝导线)的连接技巧

铝导线的表面常常有一层氧化铝存在,采用缠绕法或铰接法连接,往往会造成接触不良。因此,在导线要求连接严格的地方,铝导线(或铜、铝导线)的连接应用手压钳冷压法。

冷压接法分套管挤压法和直接对头挤压法两种。

(1)套管挤压法。套管挤压法适用于截面为 16~50mm² 的铝绞线。先将铝线和铝套管用带中性凡士林的钢丝刷刷洗干净,然后将导线分别插入套管的两端,并使两导线在套管中间对头,最后用压模压接成断面外形为六角形的接头,如图 5-36 所示。

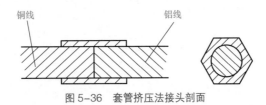

图 5-36　套管挤压法接头剖面

(2)直接对头挤压法。直接对头挤压法适用予截面 2.5~10mm² 的单股铝线。把剥好的两线头放入对头压接钳内,直接挤压在一起。

导线接头接好后，应尽量使接头处的绝缘恢复到原有的绝缘水平。一般采用橡胶带、带黏性的黑胶布带或塑料带包扎。橡皮绝缘导线可先用橡胶带紧缠一层，再用黑胶布带紧缠两层。塑料导线可用塑料带紧缠三层。缠包要采用斜叠法，使每圈压叠带宽的半幅，再朝另一斜方向缠绕下一层。缠包时必须用力拉紧，使绝缘带阅紧密黏接，以防潮气侵入。

14 导线在绝缘子上的绑扎技巧

导线在绝缘子上的绑扎方式如图 5-37 所示。

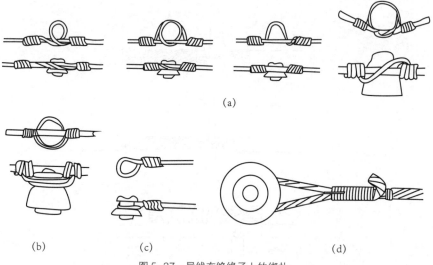

图 5-37　导线在绝缘子上的绑扎
(a) 侧边绑扎；(b) 顶端绑扎；(c) 终端绑扎；(d) 蝴蝶式绝缘子的绑扎

第6章
架空电力线路安装和检测技巧

电力线路是电力网的重要组成部分，其作用是输送和分配电能。电力网内的线路，大体可分为送电线路（又称输电线路，220kV 以上的也称超高压输电线路）和配电线路。架设在发电厂升压变电所与地区变电所之间的线路以及地区变电所之间的线路，是专用于输送电能的，称为送电线路。送电线路电压一般在 110kV 及以上。从地区变电所到用电单位、变电站或城市、乡镇供电的线路，是用于分配电能的，称为配电线路。配电线路根据电压高低又可分为高压配电线路、中压配电线路和低压配电线路。一般高压配电线路为 35kV 或 110kV，中压配电线路为 6kV 或 10kV，低压配电线路为 220、380V。

第 1 节　架空线路基础

架空电力线路主要包括杆塔、绝缘子、导线、横担、金具、接地装置及基础等。

1　杆塔

（1）杆塔的分类。杆塔按材质的不同可分为木杆、水泥杆和金属杆三种。

杆塔按在线路中的用途可分为直线杆、耐张杆、转角杆、终端杆、分支杆和跨越杆等，如图 6-1 所示。

（2）杆塔的选择与埋设深度。高低压电杆的选择，不外乎选择电杆的材质、杆型、杆高及强度。目前，木杆基本上不用了，金属杆又用得很少，主要是选用水泥杆。选择杆型、杆高及强度，要考虑架设场所及使用条件，即城市、乡村、建筑物、地形、交叉跨越、档距、导线截面以及当地气象条件等都是要考虑的因素。

电杆的埋设深度，一般采用表 6-1 所列数值，特殊情况设计时要进行倾覆稳定计算。

表 6-1　　　　　　　　　　　　　　电杆埋设深度　　　　　　　　　　　　　　（m）

杆高	8.0	9.0	10.0	11.0	12.0	13.0	15.0
埋深	1.5	1.6	1.7	1.8	1.9	2.0	2.3

2　绝缘子

绝缘子（又称瓷瓶）的作用，在悬挂导线时，使导线与杆塔绝缘，还承受主要由导线传来的各种荷重。因此它必须具有良好的绝缘性能和机械强度。

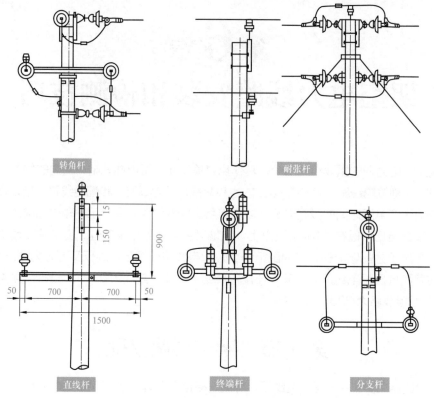

转角杆　　　　　　耐张杆

直线杆　　　终端杆　　　分支杆

图 6-1　杆塔按用途不同的常用类型

绝缘子有针式、蝶式、悬式以及瓷横担式等。常见绝缘子的外形如图 6-2 所示。

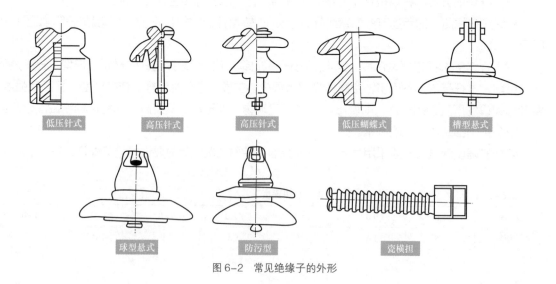

低压针式　　高压针式　　高压针式　　低压蝴蝶式　　槽型悬式

球型悬式　　　防污型　　　瓷横担

图 6-2　常见绝缘子的外形

3　架空导线

架空线路导线的材料有铝、铝合金、铜和钢等。架空导线的结构可分为单股导线、多股绞线和复合材料多股绞线。

4 横担

横担是用以支持绝缘子、导线、跌落式熔断器、隔离开关、避雷器等设备的，并使导线有一定的距离，因此横担要有一定的强度和长度。高、低压配电线路常用的横担有角铁横担、木横担和瓷横担三种。

5 金具

线路金具主要用于架空电力线路将绝缘子和导线悬挂或拉紧在杆塔上，用于导、地线的连接、防震以及带拉线杆塔中拉线的紧固与调整等。线路金具大致有以下几类。

（1）悬垂线夹：悬垂线夹用于将导线固定在绝缘子串上，或将避雷线悬挂在直线杆塔上。

（2）耐张线夹：耐张线夹用于将导线固定在耐张绝缘子串上，以及将避雷线固定在杆塔顶上。

（3）连接金具：将绝缘子组装成串并将其连接在杆塔横担上的所有金具，如 U 型挂环、延长环、球头挂环等，如图 6-3 所示。

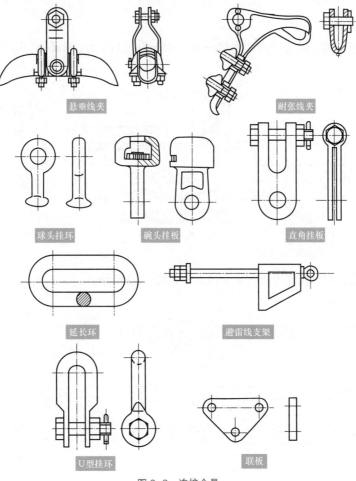

图 6-3 连接金具

（4）接续金具：用于导、地线的接续及修补等，如图6-4所示。

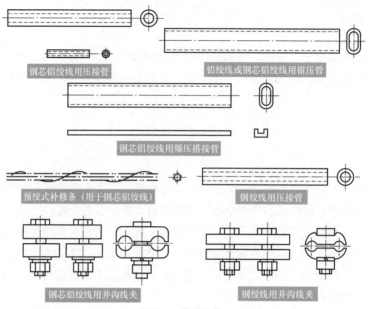

图6-4 接续金具

（5）保护金具：用于减轻导、地线的振动或减轻振动损伤，如图6-5所示。

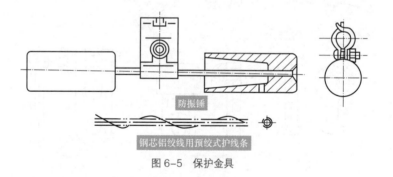

图6-5 保护金具

（6）拉线金具：用于拉线连接并承受拉力，如图6-6所示。

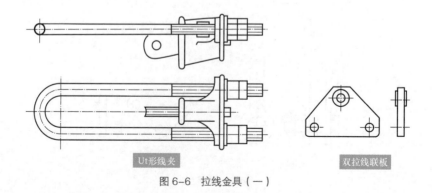

图6-6 拉线金具（一）

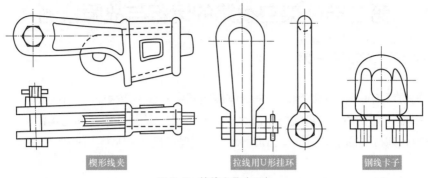

楔形线夹　　　　拉线用U形挂环　　　　钢线卡子

图 6-6　拉线金具（二）

6　接地装置

架空电力线路遭受雷击时将发生过电压，使绝缘破坏，线路跳闸，造成停电事故，同时导线着雷后，雷电冲击波将沿导线进入附近的变电站而导致变电设备损坏。为此一般 35kV 线路需要在进、出变电站的两端各 750~1500m 段内安装架空避雷线，或在个别特殊雷区装设避雷器或避雷针。10kV 线路一般在配电变压器台装设避雷器作为防雷保护。

以上几种防雷设施，均需依靠接地装置将雷电流迅速引入大地，故合格的接地装置，是保证防雷设施起到应有保护作用的关键。

电力线路上的接地装置，其引下线使用镀锌钢绞线，截面不少于 $25mm^2$，当钢筋混凝土主杆与横担有可靠的电气连接时也可用其内部的钢筋作接地引下线。接地体中，垂直地极可用直径为 25~50mm，厚度不少于 3.5mm 的钢管或厚度不少于 4mm 的角钢，其长度可为 1.5~2mm。水平地极应用厚度不少于 4mm，截面不少于 $48mm^2$ 的扁钢或直径不少于 8mm 的圆钢。

7　电杆基础

塔埋入地下的部分为杆塔基础。基础的作用是保证杆塔在运行中不发生下沉或在受外力作用时不发生倾倒或变形。木杆的基础即为木杆本身的地下部分和地下横木。水泥杆的基础分底盘、卡盘（夹盘）和拉线盘（见图 6-7）。都是事先预制好的钢筋混凝土盘，使用时，运到现场装配，较为方便。

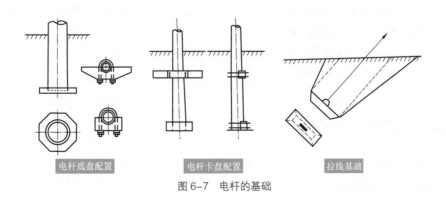

电杆底盘配置　　　　电杆卡盘配置　　　　拉线基础

图 6-7　电杆的基础

117

第2节　架空线路的运行与故障检测

8　架空线路运行标准

（1）杆塔位移与倾斜的允许范围：杆塔偏离线路中心线不应大于 0.1m，木杆与混凝土杆倾斜度（包括挠度）为转角杆、直线杆不应大于 15/1000，转角杆不应向内角倾斜，终端杆不应向导线侧倾斜，向拉线侧倾斜应小于 200mm，铁塔倾斜度为 50m 以下 10/1000，50m 及以上 5/1000。

（2）混凝土杆不应有严重裂纹、流铁锈水等现象，保护层不应脱落、酥松、钢筋外露，不宜有纵向裂纹，横向裂纹不宜超过 1/3 周长，且裂纹宽度不宜大于 0.5mm。木杆不应严重腐朽。铁塔不应严重锈蚀，主材弯曲度不得超过 5/1000，各部螺栓应紧固，混凝土基础不应有裂纹、酥松、露筋。

（3）横担与金具应无严重锈蚀、变形、腐朽。铁横担、金具锈蚀不应起皮和出现严重至麻点，锈蚀表面积不宜超过 1/2。木横担腐朽深度不应超过横担宽度的 1/3。

（4）横担上下倾斜、左右偏歪，不应大于横担长度的 2%。

（5）导线通过的最大负荷电流不应超过其允许电流。

（6）导（地）线接头无变色和严重腐蚀，连接线夹螺栓应紧固。

（7）导（地）线应无断股，七股导（地）线中的任一股导线损伤深度不得超过该股导线直径的 1/2，十九股及以上导（地）线，某一处的损伤不得超过三股。

（8）导线过引线、引下线对电杆构件、拉线、电杆间的净空距离，不应小于下列数值。

　　　　1~10kV——0.2m;

　　　　1kV 以下——01m。

每相导线过引线、引下线对邻相导体、过引线、引下线的净空距离，不应小于下列数值。

　　　　1~10kV——0.3m;

　　　　1kV 以下——015m。

高压（1~10kV）引下线与低压（1kV 以下）线间的距离，不应小于 0.2m。

（9）三相导线弛度应力求一致，弛度误差不得超过设计值的 -5% 或 +10%。一般档距导线弛度相差不应超过 50mm。

（10）绝缘子、瓷横担应无裂纹，釉面剥落面积不应大于 100mm^2，瓷横担线槽外端头釉面剥落面积不应大于 200mm^2，铁脚无弯曲，铁件无严重锈蚀。

（11）绝缘子应根据地区污秽等级和规定的泄漏比距来选择其型号，验算表面尺寸。

（12）拉线应无断股、松弛和严重锈蚀。

（13）水平拉线对通车路面中心的垂直距离不应小于 6m。

（14）拉线棒应无严重锈蚀，变形、损伤及上拔等现象。

9　架空线路常见故障

架空线路常见故障有机械性破坏和电气性故障两方面，现简述如下。

（1）按设备机械性破坏分。

1）倒杆。由于外界的原因（如杆基失土，洪水冲刷，外力撞击等）使杆塔的平衡状态失去控制，造成倒杆（塔），供电中断在架空线路中，倒杆是一种恶性故障。

某些时候，电杆严重歪斜，虽然还在继续运行，但由于各种电气距离发生很大变化，继续供电将会危及设备和人身安全，必须停电予以修复。此种情况应予以重视。

2）断线。因外界原因造成导线的断裂，致使供电中断。

（2）按设备电气性故障分。

1）单相接地。线路一相的一点对地绝缘性能丧失，该相电流经由此点流入大地，这就叫单相接地。

单相接地是电气故障中出现机会最多的故障，它的危害主要在于使三相平衡系统受到破坏，非故障相的电压升高到原来的 3 倍，可能会引起非故障相绝缘的破坏。

造成单相接地的因素很多，如一相导线的断线落地、树枝碰及导线、跳线因风偏对杆塔放电等。

2）两相短路。线路的任意两相之间造成直接放电，使通过导线的电流比正常时增大许多倍，并在放电点形成强烈的电弧，烧坏导线，造成供电中断。两相短路包括两相短路接地，比之单相接地情况要严重得多。

形成两相短路的原因有：混线、雷击、外力破坏等。

3）三相短路。在线路的同一地点三相间直接放电。三相短路（包括三相短路接地）是线路上最严重的电气故障，不过它出现的概率极小。

4）缺相。断线不接地，通常又称缺相运行，送电端三相有电压，受电端一相无电流，三相电动机无法运转。

造成缺相运行的原因是：熔丝一相烧断，耐张杆塔的一相跳线因接头不良或烧断等。

10 线路运行巡视

架空线路故障种类很多，为及时消除障碍，杜绝事故发生，保证安全运行，一是严把设计与施工质量。二是要搞好线路运行的巡视、检查和维修工作。

（1）巡视的种类。

1）定期巡视。由专职巡线员进行，掌握线路的运行状况，沿线环境变化情况，并做好护线宣传工作。

2）特殊性巡视。在气候恶劣（如：台风、暴雨、覆冰等）、河水泛滥、火灾。

3）夜间巡视。在线路高峰负荷或阴雾天气时进行，检查导线接点有无发热打火现象，绝缘子表面有无闪络，检查木横担有无燃烧现象等。

4）故障性巡视。查明线路发生故障的地点和原因。

5）监察性巡视。由部门领导和线路专责技术人员进行，目的是了解线路及设备状况，并检查、指导巡线员的工作。

（2）巡视的主要内容。

1）杆塔。杆塔是否倾斜，铁塔构件有无弯曲、变形、锈蚀，螺栓有无松动，混凝土杆有无裂纹、酥松、钢筋外露，焊接处有无开裂、锈蚀，木杆有无腐朽、烧焦、开裂，绑桩有无松动，木楔是否变形或脱出，基础有无损坏、下沉或上拔，周围土壤有无挖掘或沉陷，寒冷地区电杆有无冻鼓现象，杆塔位置是否合适，有无被车撞的可能，保护设施是否完好，标志是否清晰，杆塔有无被水淹、水冲的可能，防洪设施有无损坏、坍塌，杆塔标志（杆号、相位警告牌等）是否齐全，明显，杆塔周围有无杂草和蔓藤类植物附生，有无危及安全的鸟巢、风筝及杂物。

2）横担及金具。木横担有无腐朽、烧损、开裂、变形，铁横担有无锈蚀、歪斜、变形，金具有无锈蚀、变形，螺栓是否紧固，有无缺帽，开口销有无锈蚀、断裂、脱落。

3）绝缘子。瓷件有无脏污、损伤、裂纹和闪络痕迹，铁脚、铁帽有无锈蚀、松动、弯曲。

4）导线（包括架空地线、耦合地线）。有无断股、损伤、烧伤痕迹，在化工、沿海等地区的导线有无腐蚀现象，三相弛度是否平衡，有无过紧、过松现象，接头是否良好，有无过热现象（如：接头变色，雪先熔化等），连接线夹弹簧垫是否齐全，螺母是否紧固，过（跳）引线有无损伤、断股、歪扭，与杆塔、构件及其他引线间距离是否符合规定，导线上有无抛扔物，固定导线用绝缘子上的绑线有无松弛或开断现象。

5）防雷设施。避雷器瓷套有无裂纹、损伤、闪络痕迹，表面是否脏污，避雷器的固定是否牢固，引线连接是否良好，与邻相和杆塔构件的距离是否符合规定，各部附件是否锈蚀，接地端焊接处有无开裂、脱落，保护间隙有无烧损、锈蚀或被外物短接，间隙距离是否符合规定，雷电观测装置是否完好。

6）接地装置。接地引下线有无丢失、断股、损伤，接头接触是否良好，线夹螺栓有无松动、锈蚀，接地引下线的保护管有无破损、丢失，固定是否牢靠，接地体有无外露、严重腐蚀，在埋设范围内有无土方工程。

7）拉线、顶（撑）杆及拉线柱。拉线有无锈蚀、松弛、断股和张力分配不均等现象，水平拉线对地距离是否符合要求，拉线绝缘子是否损坏或缺少，拉线是否妨碍交通或被车碰撞，拉线棒（下把）、抱箍等金具有无变形、锈蚀，拉线固定是否牢固，拉线基础周围土壤有无突起、沉陷、缺土等现象，顶（撑）杆、拉线柱、保护桩等有无损坏、开裂、腐朽等现象。

8）接户线。线间距离和对地、对建筑物等交叉跨越距离是否符合规定，绝缘层是否老化、损坏，接点接触是否良好，有无电化腐蚀现象，绝缘子有无破损、脱落，支持物是否牢固，有无腐朽、锈蚀、损坏等现象，弛度是否合适，有无混线、烧伤现象。

9）沿线情况。沿线有无易燃、易爆物品和腐蚀性液、气体，导线对地、对道路、公路、铁路、管道、索道、河流、建筑物等距离是否符合规定，有无可能触及导线的铁烟筒、天线等，周围有无被风刮起危及线路安全的金属薄膜、杂物等，有无威胁线路安全的工程设施（机械、脚手架等），查明线路附近的爆破工程有无爆破申请手续，其安全措施是否妥当，查明防护区内的植树、种竹情况及导线与树、竹间距离是否符合规定，线路附近有无射击、放风筝、抛扔外物、飘洒金属和在杆塔拉线上拴牲畜等，查明沿线污秽情况，查明沿线江河泛滥、山洪和泥石流等异常现象，有无违反"电力设备保护条例"的建筑。

第3节　低压架空线路的安装技巧

11 竖立电杆的操作技巧

竖立电杆的普通方法有扳立法和吊立法，其示意如图6-8~图6-10所示。

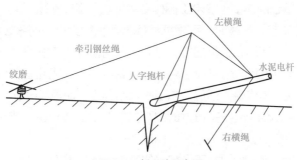

图 6-8 扳立法示意图

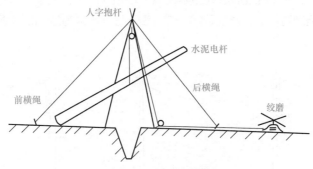

图 6-9 吊立法示意图

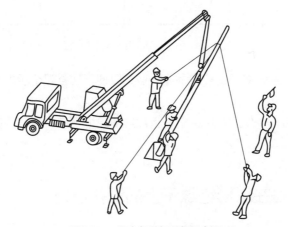

图 6-10 汽车起重机竖杆示意图

12 架设导线的操作技巧

（1）放线。放线一般总是一个个耐张段先后进行的。放线前应选择合适地点，放置线盘和放线架。放线段内每根电杆上应挂有开口的放线滑轮，滑轮一般是用铝的，但放钢线时应用钢的滑轮。拉线速度应尽量保持恒速进行，不要突然加快速度，以防止放线架倒翻。看守放线架的人员应监视导线的质量，如发现损伤及时做好记号。

放线的另一种方法是展放法。是先将导线沿线路展放在地面上，然后工作人员登上电杆，将导线用绳提到横担上并分别摆好。

放线时如果需要跨过带电导线，应在带电导线停电后再施工，如果停电有困难，可在跨越处搭跨越架子。在需要通过公路、铁路时，应有专人看守。

（2）导线的连接。导线的连接见"电工操作基本技能"章节叙述。

（3）紧线和弧垂的调整。紧线时，可根据导线截面积的大小和耐张段的长短选用人力紧线、紧线器紧线或绞磨紧线。为了防止横担扫转，可同时紧两根线或三根线。

1）紧线是在一段承力档距（耐张段）内进行，将导线一端固定在紧线段（固定端）耐张杆的悬式绝缘子上，另一端（操作端）通过滑轮组来牵引导线，使导线收紧。

2）紧线时，在道路上和连接线夹通过的电杆方向，要派人观察，用信号旗（距离较远，有障碍物的地段，可用步话机）进行联络，统一调度。

3）紧线过程中，应有人监视弧垂，不要将导线收得过紧或过松。几根导线的弧垂应保持相等。

4）一般施工中常用平行四边形法观测导线值，在相邻的电杆上挂上板（水准尺），由观测人员在杆上，从一侧板瞄准对侧板，调整导线，使导线正好与瞄准直线相切即调整完成，如图6-11所示。

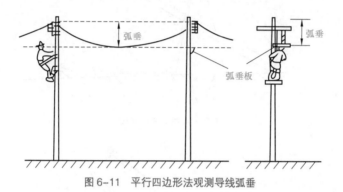

图6-11 平行四边形法观测导线弧垂

5）观测弧垂时，必须先将导线拉得稍紧一些，以便于调整整个承力档距段内各档距内的导线张力，使其均匀互等。

6）架线工作的最后一个作业，是将电杆上放线滑轮取下来，将导线在绝缘子上固定或是换上线夹。

13 直线段导线在蝶形绝缘子上的绑扎技巧

直线段导线在蝶形绝缘子上的绑扎如图6-12所示，其操作步骤如下。

步骤1 把导线紧贴在绝缘子颈部嵌线槽内，把扎线一端留出足够在嵌线槽子绕一圈和导线上绕10圈的长度，并使扎线与导线成×形相交。

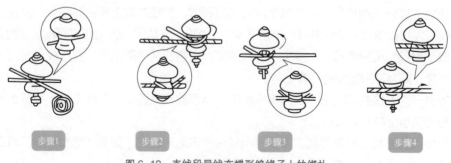

图6-12 直线段导线在蝶形绝缘子上的绑扎

步骤 2 把扎线从导线右下侧绕嵌线槽背后至导线左边下侧，按逆时针方向围绕正面嵌线槽，从导线右边上侧绕出。

步骤 3 接着将扎线贴紧并围绕绝缘子嵌线槽背后至导线左边下侧，在贴近绝缘子处开始，将扎线在导线上紧缠 10 圈后剪除余端。

步骤 4 把扎线的另一端围绕嵌线槽背后至导线右边下侧，也在贴近绝缘子处开始，将扎线在导线上紧缠 10 圈后剪除余端。

14 始终端支持点在蝶形绝缘子上的绑扎技巧

始终端支持点在蝶形绝缘子上的绑扎如图 6-13 所示，其操作步骤如下。

步骤 1 把导线末端先在绝缘子嵌线槽内围绕一圈。

步骤 2 接着把导线末端压着第一圈后再围绕第二圈。

步骤 3 把扎线短的一端嵌入两导线末端并合处的凹缝中，扎线长的一端在贴近绝缘子处，按顺时针方向把两导线紧紧地缠扎在一起。

步骤 4 把扎线在两始、终端导线上紧缠到 100mm 长后，与扎线短的一端用克丝钳紧绞 6 圈后剪去余端，并紧贴在两导线的夹缝中。

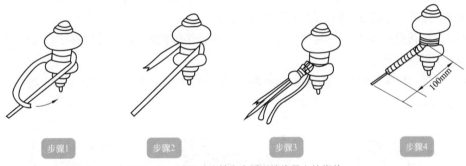

图 6-13 始终端支持点在蝶形绝缘子上的绑扎

15 针式绝缘子的颈部绑扎技巧

针式绝缘子的颈部绑扎如图 6-14 所示，其操作步骤如下。

步骤 1 绑扎前先在导线绑扎处包缠 150mm 长的铝箔带。

步骤 2 把扎线短的一端在贴近绝缘子处的导线右边缠绕 3 圈，然后与另一端扎线互绞 6 圈，并把导线嵌入绝缘子颈部嵌线槽内。

步骤 3 接着把扎线从绝缘子背后紧紧地绕到导线的左下方。

步骤 4 接着扎线从导线的左下方围绕到导线右上方，并如上法再把扎线绕绝缘子 1 圈。

步骤 5 然后把扎线再围绕到导线左上方。

步骤 6 继续将扎线绕到导线右下方，使扎线在导线上形成 x 形的交绑状。

步骤 7 最后把扎线围绕到导线左上方，并贴近绝缘子处紧缠导线 3 圈后，向绝缘子背部绕去，与另一端扎线紧绞 6 圈后，剪去余端。

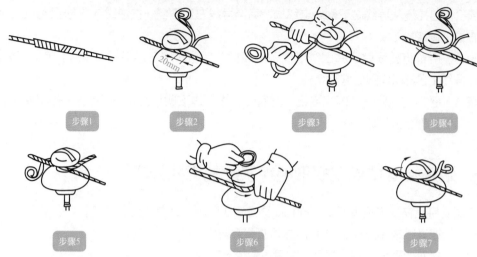

图 6-14　针式绝缘子的颈部绑扎

16　针式绝缘子的顶部绑扎技巧

针式绝缘子的顶部绑扎如图 6-15 所示，其操作步骤如下。

步骤 1　把导线嵌入绝缘子顶嵌线槽内，并在导线右端加上扎线。

步骤 2　扎线在导线右边贴近绝缘子处紧绕 3 圈。

步骤 3　接着把扎线长的一端按顺时针方向从绝缘子颈槽中围绕到导线左边下侧，并贴近绝缘子在导线上缠绕 3 圈。

步骤 4　然后再按顺时针方向围绕绝缘子颈槽到导线右边下侧，并在右边导线上缠绕 3 圈（在原 3 圈扎线右侧）。

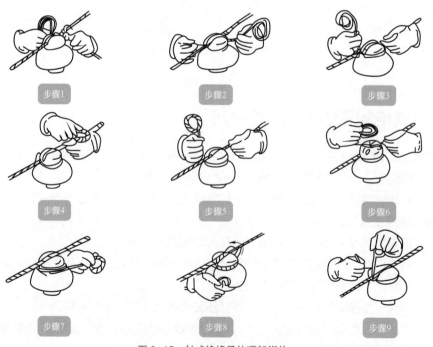

图 6-15　针式绝缘子的顶部绑扎

步骤5　然后再围绕绝缘子颈槽到导线左边下侧,继续缠绕导线3圈(也排列在原3圈左侧)。

步骤6　把扎线围绕绝缘子颈槽从右边导线下侧斜压住顶槽中的导线,并将扎线放到导线左边内侧。

步骤7　接着从导线左边下侧按逆时针方向围绕绝缘子颈槽到右边导线下侧。

步骤8　然后把扎线从导线右边下侧斜压住顶槽中导线,并绕到导线左边下侧,使顶槽中导线被扎线压成X状。

步骤9　最后将扎线从导线左边下侧按顺时针方向围绕绝缘子颈槽到扎线的另一端,相交于绝缘子中间,并互绞6圈后剪去余端。

第4节　接户线和进户线的操作技巧

17 低压线进户方式

从架空配电线路的电杆至用户户外第一个支持点之间的一段导线称为接户线。从用户户外第一支持点至用户户内第一个支持点之间的导线称为进户线。常用的低压线进户方式如图6-16所示。

图6-16　常用的低压线进户方式

接户线和进户线应采用良好的铜芯或铝芯导线,不应用软线,并且不应有接头。

18 接户线的操作技巧

接户线的档距不宜超过25m。超过25m时,应在档距中间加装辅助电杆接户线的对地距离一般不小于2.7m,以保安全。

接户线应从接户杆上引接,不得从档距中间悬空连接。接户杆杆顶的安装型式如图6-17所示。

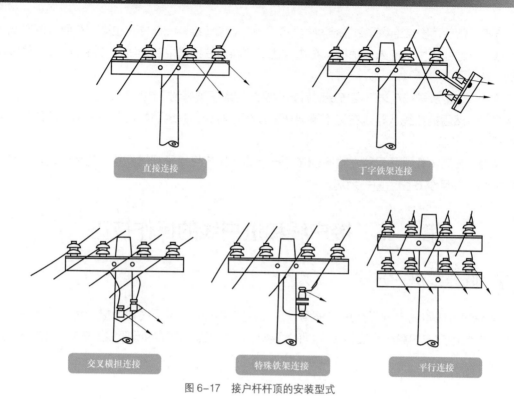

图 6-17　接户杆杆顶的安装型式

19 进户线的操作技巧

　　进户线的长度超过 1m 时，应用绝缘子在导线中间加以固定。进户线穿墙时，应套上瓷管、钢管、硬塑料管或竹管等保护套管。套管露出墙壁部分应不小于 10mm，在户外的一端应稍低，并做成方向朝下的防水弯头。为了防止进户线在套管内绝缘破坏而造成相间短路，每根进户线外部应套上软塑料管，并在进户线弯曲处最低点剪一圆孔，以防存水。

　　进户线的选择原则同接户线。铜芯绝缘线的最小截面不宜小于 1.5mm^2，铝芯绝缘线的最小截面不宜小于 2.5mm^2。

第 **7** 章
变压器安装、运行、维护和检修技巧

变压器是用来变换交流电压、电流而传输交流电能的一种静止的电器设备。它是根据电磁感应的原理实现电能传递的。变压器就其用途可分为电力变压器、试验变压器、仪用变压器及特殊用途的变压器。电力变压器是电力输配电、电力用户配电的必要设备。试验变压器是对电器设备进行耐压（升压）试验的设备。

第 1 节　变压器的分类、结构和原理

1 变压器的分类

电力变压器按用途可分为升压（发电厂 6.3kV/10.5kV 或 10.5kV/110kV 等）、联络（变电站间用 220kV/110kV 或 110kV/10.5kV）、降压（配电用 35kV/0.4kV 或 10.5kV/0.4kV）。

电力变压器按相数可分为单相、三相。

电力变压器按绕组可分为双绕组（每相装在同一铁芯上，一次、二次绕组分开绕制、相互绝缘）、三绕组（每相有三个绕组，一次、二次绕组分开绕制、相互绝缘）、自耦变压器（一套绕组中间抽头作为一次或二次输出）。

电力变压器按绝缘介质可分为油浸变压器（阻燃型、非阻燃型）、干式变压器、110kV SF_6 气体绝缘变压器。

2 电力变压器的结构

电力变压器的结构如图 7-1 所示。

（1）吸潮器（硅胶筒）：内装有硅胶，储油柜（油枕）内的绝缘油通过吸潮器与大气连通，干燥剂吸收空气中的水分和杂质，以保持变压器内部绕组的良好绝缘性能，硅胶变色、变质易造成堵塞。

（2）油位计：反映变压器的油位状态，一般在 +200℃ 左右，过高需放油，过低则加油；冬天温度低、负载轻时油位变化不大，或油位略有下降；夏天，负载重时油温上升，油位也略有上升；二者均属正常。

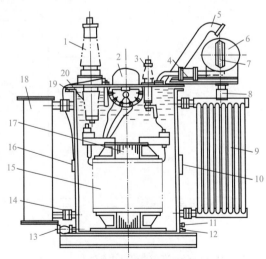

图 7-1　电力变压器的结构
1—高压套管；2—分接开关；3—低压套管；4—气体继电器；
5—防爆管；6—储油柜；7—油表；8—呼吸器；9—散热器；
10—铭牌；11—接地螺栓；12—油样活门；13—放油阀门；
14—活门；15—绕组；16—信号温度计；17—铁芯；
18—净油器；19—油箱；20—变压器油

（3）储油柜：调节油箱油量，防止变压器油过速氧化，上部有加油孔。

（4）防爆管：防止突然事故对油箱内压力聚增造成爆炸危险。

（5）信号温度计：监视变压器运行温度，发出信号。指示的是变压器上层油温，变压器线圈温度要比上层油温高 10℃。国标规定，变压器绕组的极限工作温度为 105℃（即环境温度为 40℃时），上层温度不得超过 95℃，通常以监视温度（上层油温）设定在 85℃及以下为宜。

（6）分接开关：通过改变高压绕组抽头，增加或减少绕组匝数来改变电压比。

（7）气体继电器（瓦斯继电器）：轻瓦斯、重瓦斯信号保护，上接点为轻瓦斯信号，一般作用于信号报警，以表示变压器运行异常；下接点为重瓦斯信号，动作后发出信号的同时使断路器跳闸、掉牌、报警；一般气体继电器内充满油说明无气体，油箱内有气体时会进入气体继电器内，达到一定程度时，气体挤走储油使触点动作；打开气体继电器外盖，顶上有两个调节杆，拧开其中一帽可放掉继电器内的气体；另一调节杆是保护动作试验钮。带电操作时必须戴绝缘手套并强调安全。

3 电力变压器的工作原理

变压器是根据电磁感应原理制成的。图 7-2 为单相变压器的原理图。在闭合的铁芯上绕有两组线圈，其中与电源相连接的线圈叫作一次线圈，输出电能的线圈叫作二次线圈。当一次线圈接上交流电压 U_1 时，在一次线圈中就会有交流电流 I_1 通过并产生励磁作用，在铁芯中产生交变的磁通 Φ 多。这个交变磁通不仅穿过一次线圈，而且也穿过二次线圈，在两组线圈中分别产生感应电动势 E_1 和 E_2。此时如果二次线圈与负载接通，便有交流电流 I_2 流出，二次线圈端电压 U_2 就是变压器的输出电压 u。

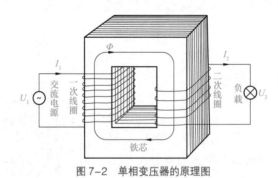

图 7-2 单相变压器的原理图

根据电磁感应原理可知：一、二次线圈中感应电动势之比等于一、二次线圈的匝数之比，即

$$\frac{E_1}{E_2}=\frac{W_1}{W_2}$$

式中　W_1——一次线圈的匝数；

　　　W_2——二次线圈的匝数。

由于线圈本身有阻抗压降，实际上一次侧电压 U_1 略大于 E_1，二次侧电压 U_2 略小于 E_2。如果忽略线圈本身的阻抗压降，则可认为 $U_1 \approx E_1$，$U_2 \approx E_2$，于是可得

$$\frac{U_1}{U_2} \approx \frac{E_1}{E_2} = \frac{W_1}{W_2} = K$$

这个关系说明了一次、二次侧电压之比近似等于一次、二次线圈匝数之比。

其比值 K 称为变压器的变压比。

变压器通过电磁感应原理将一次侧的电能输送到二次侧去,假设两侧线圈没有漏磁(没有经过铁芯的那部分磁通),电能传输过程又没有任何损失(无损耗)的话,那么由能量守恒原理可知输出功率应等于输入功率,即

$$U_2 I_2 = U_1 I_1$$

$$或 \quad \frac{I_1}{I_2} = \frac{U_2}{U_1} \approx \frac{W_2}{W_1}$$

即变压器一次、二次线圈电流之比等于一次、二次线圈匝数的反比。

由以上关系式可清楚地看出,变压器可以改变电压,即匝数多的线圈侧电压高,匝数少的线圈侧电压低。同时也可知,变压器还可以改变线路的电流,即匝数多的线圈电流小,匝数少的线圈电流大。

三相变压器的原理图如图 7-3 三相变压器中每一相的工作情况和单相变压器相同。三相线圈的连接方式见表 7-1。

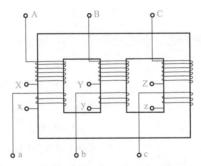

图 7-3 三相变压器的原理图
A、B、C——一次线圈首端;X、Y、Z——一次线圈末端;
a、b、c——二次线圈首端;x、y、z——二次线圈的末端

表 7-1　　　　　　　　　　　　　　双线圈三相变压器常用连接组

高压线圈连接组	低压线圈连接组	连接组符号
		Y/Y_0-12
		$Y/\triangle-11$
		$Y_0/\triangle-11$

129

第2节 变压器的安装、运行和维护

4 变压器的安装位置

变压器安装位置应考虑便于运行、检修和运输，同时应选择安全可靠的地方，因此应满足以下几方面。

（1）变压器应安装在其供电范围的负荷中心，使其投入运行时线路损耗最小，并能满足电压质量的要求，一般情况应设在大负荷附近。

（2）变压器安装位置必须安全可靠，并且运输方便，便于吊装检修，同时应符合城市发展规划的要求。

（3）变压器需要单独安装在变台杆上时，下述情况不能安装变压器。

1）大转角杆、分支杆和装有柱上油断路器、隔离高压引下线及电缆的电杆。

2）低压架空线及接户线多的电杆。

3）不易巡视、检查、测负荷和检修吊装变压器的电杆。

5 变压器的安装

变压器的安装是一项比较复杂而又重要的工作，对保证变压器的正常运行和延长其使用寿命起着十分重要的作用。

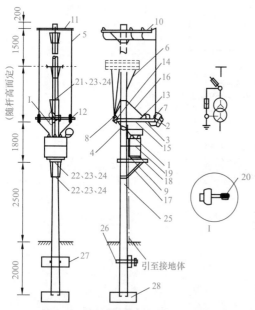

图7-4 单杆变压器台安装图（mm）

1—变压器；2—跌开式熔断器丝具；3—避雷器；4—低压熔断器；5—高压引下线；6—铝芯橡皮绝缘线；7—高压针式绝缘子；8—低压针式绝缘子；9—木板；10—高压引下线支持架；11—高压引下线横担；12—跌开式熔断器安装担；13—避雷器安装横担；14—低压引出线横担；15—跌开式熔断器支持横担；16—单面斜支撑；17—单面斜支撑；18—变压器台架；19—镀锌铁线；20—铁垫板；21、22—螺栓；23—垫圈；24—螺母；25—接地引下线；26—卡盘担；27—卡盘；28—底盘

（1）杆架式变压器台。315kVA 及以下容量的变压器通常采用线路电杆组装的变压器台。

1）单杆变压器台。容量为 30kVA 及以下的变压器，常采用单杆变压器台安装，如图 7-4 所示。

这种安装方式的特点是安全、结构简单、组装方便。变压器台对地距离不应小于 2.3m，变压器的引上线、引下线和母线的下端对地距离不应小于 3m，户外跌开式高压熔断器对地距离不应小于 4m。

2）双杆变压器台。50～180kVA 变压器一般采用双杆台安装。在离高压杆 2～3m 处再立一根约 7.5m 长的电杆，在离地 2.5～3m 处用两根槽钢或角钢搭成安放变压器的架子，如图 7-5 所示。这种安装方式比单杆变压器台坚固，但用料多，造价高。

（2）地台式变压器台。这种变压器台用砖石砌成。高压线路的终端可兼作低压线路的始端杆，如图 7-6 所示。地台高 1.7～2m，顶部面积视变压器大小而定。

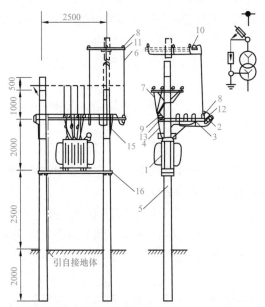

图 7-5 双杆变压器台安装图（mm）
1—变压器；2—跌开式熔断器丝具；3—避雷器；4—低压熔断器；
5—钢筋混凝土圆杆；6—高压引下线；7—铝芯橡皮绝缘线；
8—高压针式绝缘子；9—低压针式绝缘子；10—高压引下线支架；
11—高压引下线横担；12—跌开式熔断器安装横担；
13—避雷器、母线横担；14—低压引出线横担；15—单面斜支撑；
16—变压器台架

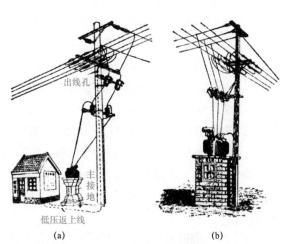

图 7-6 地台式变压器台
(a) 不带配电间的变台；(b) 带配电间的变台

6 变压器的运行和维护

（1）运行前的检查。

1）检查油面是否正常，有无渗油、漏油现象，呼吸孔是否通气。

2）检查高、低压套管及引线是否完好，螺栓是否松动。

3）检查无载调压开关位置是否正确，高、低压熔断器的安装是否正确，熔丝是否合适。

4）检查绝缘电阻和接地电阻是否合格，变压器外壳接地是否良好，防雷保护设备是否良好。

5）检查各处接线是否牢靠。

（2）变压器的拉合闸和变换分接头。

1）对于用油断路器（油开关）控制的变压器，停电拉闸时应先拉油断路器，后拉隔离开关，送电合闸时应先合隔离开关，后合油断路器。

2）对于只用户外跌落式高压熔断器控制的变压器，停电拉闸时要先拉低压分路开关，后拉低压总开关，最后在变压器空载的情况下拉开跌落式熔断器。送电合闸时要先合跌落式熔断器，后合低压总开关，最后合低压分路开关。在拉合跌落式熔断器时，必须使用合格的绝缘拉杆，穿绝缘鞋或者站在干燥的木台上，并应有人监护。

3）变换无载调压开关位置时，必须将变压器与电力网断开，在无载的情况下进行，并应注意分接头位置的正确性。

（3）运行中的巡回检查。

1）检查变压器声音是否正常。变压器正常运行时，应发出均匀的嗡嗡声。

2）检查变压器温度是否超过规定。变压器正常运行时上层油温不应超过 85℃，最高不应超过 95℃。对于没有温度计的变压器，可用水银温度计贴在变压器的外壳上测量温度，但允许温度一般不能超过 75 ~ 80℃。

3）观察变压器油面高度和油色有无变化。变压器正常运行时的油面应在油表（油位计）的 1/4 ~ 3/4 间，新变压器油应呈浅黄色，运行后应呈浅红色。

4）检查变压器套管、引线的连接是否良好。正常运行的变压器套管应清洁，无裂纹、破损和放电痕迹，引线和导杆的连接螺栓应紧固且无变色现象。

5）检查高、低压熔断器的熔丝是否熔断。

6）检查变压器的接地装置是否完好。正常运行的变压器外壳的接地线、中性点接地线和防雷装置的接地线都应紧密地连接在一起，接地良好并无锈烂、断股等现象。

7）在特殊天气应进行一些特殊检查。例如，雷雨过后，应仔细检查套管有无破损或放电痕迹，熔丝是否完好。大风时，应检查压器的引线有无剧烈摆动现象，接头处有无松脱或晃动，有无其他杂物刮到变压器上。定期进行夜间巡视，检查套管有无放电现象，引线和导杆连接处有无烧红等情况。

（4）变压器的并列运行。如果一台变压器的容量不能满足负荷的需要，可将两台变压器并列使用。变压器并列运行可以较好地适应农村负荷的季节性特点，例如在用电多的季节采用并列运行。在用电少的季节，可以停用一台变压器，以减少损耗和提高功率因数。变压器并列运行的示意图如图 7-7 所示。

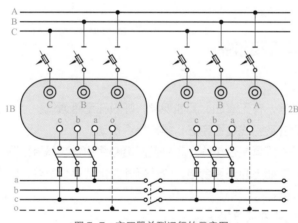

图 7-7　变压器并列运行的示意图

变压器并列运行应满足以下条件：

（1）高压侧和低压侧的额定电压必须相同。如果高压侧或低压侧额定电压不同，电压差会在两台变压器的线圈中产生很大的环流，不仅会增加变压器的损耗，甚至会烧毁变压器的线圈。

（2）阻抗电压大体相同。如果阻抗电压不相同，两台变压器线圈的电压降就不同，并列运行时将会导致阻抗电压大的变压器分担的负荷偏低，阻抗电压小的变压器分担的负荷偏高，输出电流易超过额定值。阻抗电压相差越大，这种后果越严重。现行规程规定阻抗电压相差不应超过 ±10%。一般变压器容量越大，往往阻抗电压越大。反之，变压器容量越小，往往阻抗电压越小。因此，并列运行的变压器容量不宜相差过大。一般，两台变压器的容量在 3：1 范围内比较合适。

（3）连接组必须相同。如果连接组不相同，两台变压器二次侧电压的变化就不相同，结果会在相连的低压端之间产生电位差，导致两台变压器低压线圈中产生很大的环流，将变压器线圈烧毁。此外还应注意,此处所提的变压器都是按"减极性"标明线圈首、尾端符号的。如果有两台Y,Y接线的变压器,一台是按"减极性"标号,勇一台是按"加极性"标号,这样是不能并列的。

变压器在并列前应仔细弄清其铭牌上有关的技术参数,检查变压器的首、尾端,按相同的相序接线。

第 3 节 变压器的故障检测技巧

7 低压熔丝熔断的检测技巧

低压熔丝熔断的故障原因和处理办法如下。

(1)变压器过负荷,应减少负荷,更换熔丝。

(2)低压线路短路,应排除短路故障,更换熔丝。

(3)用电设备绝缘损坏,造成短路,应修理用电设备,更换熔丝。

(4)熔丝的容量选择不当、熔丝本身质量不好或熔丝安装不当,应更换熔丝,按规定安装。

8 高压熔丝熔断的检测技巧

高压熔丝熔断的故障原因和处理办法如下。

(1)变压器绝缘击穿,应修理变压器,更换熔丝。

(2)低压设备绝缘损坏造成短路,但低压熔丝未熔断,应修理低压设备,更换高压熔丝。

(3)熔丝的容量选择不当、熔丝本身质量不好或熔丝安装不当,应更换熔丝,按规定安装。

(4)遭受雷击,应更换熔丝。

9 油温过高的检测技巧

油温过高的故障原因和处理办法如下。

(1)变压器过负荷,应减少负荷。

(2)三相负荷不平衡,应调整三相负荷的分配,使其平衡,对于 Y/Y_0-12 连接的变压器,其中性线电流不得超过低压线圈额定电流的 25%。

(3)变压器散热不良,应检查并改善冷却系统的散热情况。

10 变压器发出异常声响的检测技巧

变压器发出异常声响的故障原因和处理办法如下。

(1)变压器过负荷,发出的声响比平常沉重,应减少负荷。

(2)电源电压过高,发出的声响比平常尖锐,应按操作规程降低电源电压。

(3)变压器内部振动加剧或结构松动,发出的声响大而嘈杂,应减少负荷或停电修理。

(4)线圈或铁芯绝缘有击穿现象,发出的声响大且不均匀或有爆裂声,应停电修理。

(5)套管太脏或有裂纹,发出嗞嗞声且套管表面有闪络现象,应停电清洁套管或更换套管。

11 油面高度不正常的检测技巧

油面高度不正常的故障原因和处理办法如下。

（1）油温过高，油面上升，见以上"油温过商"的处理方法。

（2）变压器漏油、渗油，油面下降（注意与天气变冷而油面下降的区别），应停电修理。

12 变压器油变黑的检测技巧

变压器油变黑的故障原因和处理办法如下。

变压器线圈绝缘击穿，应修理变压器线圈。

13 防爆管薄膜破裂的检测技巧

防爆管薄膜破裂的故障原因和处理办法如下。

（1）变压器内部发生故障（如线圈相间短路等），产生大量气体，压力增加，致使防爆管薄膜破裂，应停电修理变压器，更换防爆管薄膜。

（2）由于外力作用而造成薄膜破裂，应更换防爆管薄膜。

14 气体继电器动作的检测技巧

气体继电器动作的故障原因和处理办法如下。

（1）变压器线圈匝间短、相间短路、线圈断线、对地绝缘击穿等，应停电修理变压器线圈。

（2）分接开关触头表面熔化或灼伤，分接开关触头放电或各分接头放电，应停电修理分接开关。

第 8 章

电动机拆装与检修技巧

第 1 节 三相异步电动机原理

1 三相异步电动机的分类和原理结构

（1）三相异步电动机转到的原理。

1）转子感生电流的产生。现以两极电动机为例说明感生电流的产生，如图 8-1 所示。该图是电动机的剖面图，转子上画的是转子线圈有效边的截面，转子线圈有效边也称为转子导体。假定旋转磁场以转速 n_s 作顺时针旋转，而转子开始时是静止的，故转子导体将被旋转磁场切割而产生感应电动势。感应电动势的方向用右手定则判定，由于运动是相对的，可以假定磁场不动而转子导体作逆时针旋转，又因转子导体两端被短路环短接，导体已构成闭合回路，导体中感生电流从上部流入，下部流出。

2）转子电磁力矩的产生。有感生电流的转子导体在旋转磁场中会受电磁力的作用，力的方向用左手定则判定。转子导体受到电磁力 F 的作用，形成一个顺时针方向的电磁转矩，驱动转子顺时针旋转，与定子的旋转磁场方向相同。

（2）三相异步电动机的分类。三相异步电动机已广泛使用，种类繁多，一般按以下方式分类。

1）按转子结构分类：笼型和绕线转子型，其中，笼型使用得较广泛。

2）按防护形式分类：开启式（IP11）、防护式（IP22、IP23）、封闭式（IP44）等，如图 8-2 所示。

3）按使用环境分类：船用、化工用、高原用、湿热带用等。

4）按电动机容量分类：大、中、小型和微型电动机，微型电动机也称为分马力电动机。

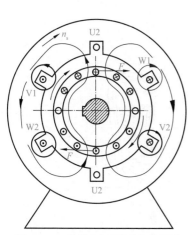

图 8-1 三相异步电动机的转动原理

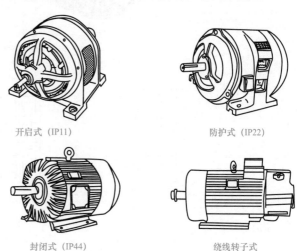

开启式（IP11）　　　　防护式（IP22）

封闭式（IP44）　　　　绕线转子式

图 8-2 三相异步电动机的外形

（3）三相异步电动机的结构。三相异步电动机均由定子和转子两大部分组成，定子和转子之间的气隙一般为 0.25~2mm。三相笼型异步电动机的组成如图 8-3 所示。

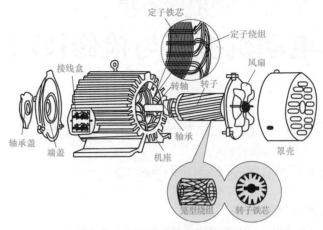

图 8-3　三相笼型电动机的结构组成

1）定子。电动机的静止部分称为定子，主要有定子铁芯、定子绕组和机座等组成。

a）定子铁芯。定子铁芯是电动机磁路的一部分并放置定子绕组。为了减小定子铁芯中的损耗，铁芯一般用厚 0.35~0.5mm、表面有绝缘层的硅钢片冲片叠装而成。在铁芯片的内圆冲有均匀分布的槽，以嵌放定子绕组，如图 8-4（a）所示。槽有开口型、半开口型、半闭口型三种，如图 8-5 所示。半闭口型一般用于小型电动机，优点是电动机的效率和功率因数较高，缺点是绕组嵌线和绝缘都较困难。半开口型槽可以嵌放成形绕组，多用于大、中型电动机。开口型槽可以嵌放已经过绝缘处理的绕组，用于高压电动机。

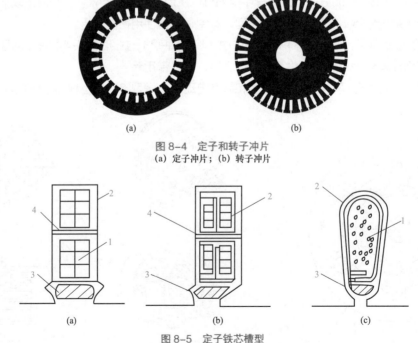

图 8-4　定子和转子冲片
(a) 定子冲片；(b) 转子冲片

图 8-5　定子铁芯槽型
(a) 开口型；(b) 半开口型；(c) 半闭口型
1—线圈导线；2—槽绝缘；3—槽楔；4—层间绝缘

b）定子绕组。定子绕组的作用是通入三相对称交流电，产生旋转磁场。小型异步电动机定子绕组通常用高强度漆包线绕制成线圈后再嵌放在定子铁芯槽内，大中型电机则用经过绝缘处理后的铜条嵌放在定子铁芯槽内。为了保证绕组正常工作，绕组对铁芯、绕组间和绕组匝间必须可靠绝缘。定子绕组在槽内嵌放完毕后，按规律接好线，把三相绕组的六个出线端引到电动机机座的接线盒内，可按需要将三相绕组接成星形接法或三角形接法，如图 8-6 所示。

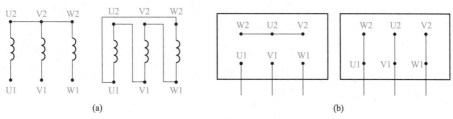

图 8-6　定子三相绕组的接线方法
(a) 绕组接法；(b) 出线盒接法

c）机座。机座的作用是固定定子铁芯，并以两个端盖支撑转子，同时保护整台电动机的电磁部分和散发电动机运行中产生的热量，所以封闭式电动机的机座外面有散热筋以增加散热面积。为了电动机搬运方便，电动机机座上装有吊攀。大型电动机机座一般用钢板焊成，中小型电动机机座大多用铸铁制成，小型电动机机座也可用铝铸造。

2）转子。转子是电动机的旋转部分，由转子铁芯、转子绕组、转轴、风叶等组成。

a）转子铁芯。转子铁芯也是电动机磁路一部分，一般用 0.5 mm 厚相互绝缘的硅钢片冲制叠压而成，硅钢片外圆冲有均匀分布的槽，用来安置转子绕组，如图 8-7（b）所示。转子铁芯固定在转轴或转子支架上。为了改善电动机的启动及运行性能，笼型异步电动机转子铁芯一般采用斜槽结构，如图 8-7 和图 8-8（a）所示。

b）转子绕组。转子绕组的作用是产生感生电动势和电流，并在旋转磁场的作用下产生电磁力矩而使转子转动。转子绕组根据结构不同分为笼型和绕线型两种。笼型转子笼型转子有单笼型、双笼型和深槽式结构。单笼型通常又分为两种结构形式，一种是把转子的导体、两端的短路环和风叶用铝液一次浇铸而成，如图 8-8 所示。另一种是在转子铁芯的每一个槽内插入一根铜条，并在铁芯两端各用一个铜环把每根铜条焊接起来，如图 8-8 所示。两种都似笼形状。在容量较大的异步电动机中，笼型转子可采用双笼型（上、下两笼）或深槽式转子，利用交流电的"趋肤效应"以提高电动机的启动转矩。

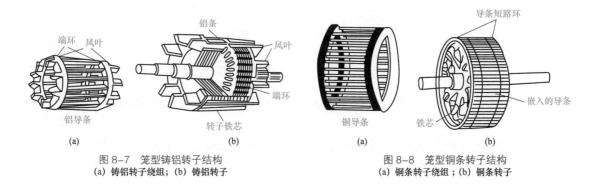

图 8-7　笼型铸铝转子结构
(a) 铸铝转子绕组；(b) 铸铝转子

图 8-8　笼型铜条转子结构
(a) 铜条转子绕组；(b) 铜条转子

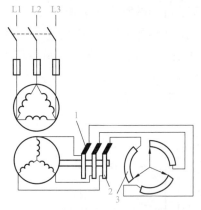

图 8-9　绕线转子绕组与外加电阻器接线图
1—电刷；2—滑环；3—可调电阻器

绕线转子绕线转子异步电动机的定子绕组结构与笼型异步电动机完全一样，两者的转子绕组却不同。绕线转子异步电动机的转子绕组是一个与定子绕组具有相同极数的三相对称绕组。转子绕组一般都接成星形，绕组的末端接在一起，绕组的首端分别接到转轴上的三个与转轴绝缘的滑环上，再通过安装在定子端盖上的电刷装置与外电路相连，如图 8-9 所示。有些绕线转子电动机上装有举刷装置，启动时转子绕组与外电路接通，启动定毕正常运行时，为了减少电刷与滑环间的磨损，扳动举刷装置到运转位置，将三相绕组的三个首端在滑环上短接，同时把三组电刷举起，不再与滑环接触。

2　三相异步电动机的铭牌

电动机的铭牌是选择电动机和维修电动机的根本依据。电动机上的铭牌项目主要有型号、额定功率、额定电压、额定电流、额定频率、额定转速、接法和绝缘等级，其铭牌如图 8-10 所示。

图 8-10　电动机铭牌

（1）型号。型号代表电动机的产品名称、规格和形式。如 Y114L-6-2,含义如图 8-11 所示。

图 8-11　型号的含义

（2）额定功率。额定功率是指电动机在额定情况下运转时所输出的最大机械功率，单位为 W 或 kW。

（3）额定电压。额定电压是指电动机在正常情况下转动时绕组接线端所接的电压，单位为 V。

（4）额定电流。额定电流是指电动机在额定情况下运转时，其绕组中所通过的电流,单位为 A。

（5）额定频率。额定频率是指电动机所接工作电压的频率。市用电的频率为 50Hz，而国外有些国家所用的频率为 60Hz。

（6）额定转速。额定转速是指电动机在正常情况下运转时，转子在每分钟内的旋转圈数，单位为 n/min。

（7）接法。接法是指电动机在额定电压下，定子绕组的引接线的连接方法，通常三相异步电动机的接法有三角形（△）和星形（Y）两种。

（8）绝缘等级。绝缘等级是指电动机在正常工作时，所用绝缘材料的耐热极限温度。

第 2 节　异步电动机的使用、维护及一般试验

3　三相异步电动机使用前的检查

对新安装或久未运行的电动机，在通电使用前必须先做检查，检查内容有以下几项。

（1）检查电动机是否清洁，开启式电动机还要注意内部有无灰尘或脏物等，一般可用 0.2MPa（2 个大气压）的干燥压缩空气吹净。如无压缩空气，也可用手风箱（通称皮老虎）吹，或用干布抹去灰尘。不应用湿布或沾有汽油、煤油、机油的布去抹灰尘。

（2）拆去电动机所有外部连接线，用绝缘电阻表测量各相绕组相间及对机壳之间的绝缘电阻。对于额定电压是 380V 的电动机，用 500V 的绝缘电阻表测量，绝缘电阻在 0.5MΩ 以上才可使用；新绕制电动机的绝缘电阻通常都在 5MΩ 以上。

（3）对于绕线转子电动机，要检查电刷与滑环的接触是否良好（接触面不少于电刷全面积的 3\4），电刷压力是否适当（14.7~24.5kPa，为 150~250g/cm²），转子电路相间绝缘及对机壳绝缘是否良好，提刷装置手柄是否在启动位置。

（4）对照电动机铭牌参数，检查定子绕组连接是否正确（Y 连接或 △ 连接），电源的电压是否与电动机铭牌值相符。

（5）检查电动机接地或接零装置是否良好。

（6）用手振动电动机转子和传动装置，检查是否有被卡和相互摩擦的地方，轴承的润滑情况。

（7）电动机通风系统完好无堵塞，所有紧固件完好不松动。

异步电动机启动中的注意事项如下。

1）电动机通电运行时必须提醒在场人员注意，防止旋转物切向飞出，伤及人员及设备。

2）接通电源之前就应做好切断电源的准备，当电动机出现不能启动、启动缓慢、强烈振动、电刷火花大、声音异常时立刻切断电源。

3）笼型电动机采用全压启动时启动次数不宜过于频繁。绕线转子电动机在接通电源前，应检查启动器的操作手柄是不是已经在"零位"，若不是则应先置于"零位"，接通电源后再逐渐转动手柄，随着电动机转速的提高而逐渐切除启动电阻。

4 三相异步电动机运行中的监视与维护

（1）对电动机的监视。电动机在运行时，要通过听、看、闻、摸等手段随时监视电动机。

1）听：电动机在运行时发出的声音是否正常。电动机正常运行时，发出的声音是平稳、轻快、均匀的。如出现尖叫、沉闷、摩擦、撞击、振动等声音时，应当即停车检查。

2）看：电动机的振动情况，传动装置传动应流畅，对绕线转子电动机要经常注意电刷和滑环之间的火花是否过大，如果出现较密的舌状火花，应停车检修。

3）闻：电动机运行时发出焦臭味，说明电动机温度过高，应停机检查原因。

4）摸：电动机停机以后，可触摸机座，如很烫手，说明电动机过热。

（2）对电动机的维护。平时还要对电动机进行定期维护。

1）保持电动机清洁，定期清扫。检查接线端连接是否可靠，更换轴承润滑油脂。对容易受到水滴、油污及杂物落到的电动机，要加做电动机机罩。

2）定期测量电动机绝缘，特别是电动机受潮时，如发现电动机绝缘电阻过低，要及时进行干燥处理，再检测合格以后才能运行。

3）定期检查控制电路的刀闸、主触点是否磨损、接触不良。

4）对绕线转子电动机要经常注意电刷和滑环之间的火花，如火花过大，要及时做好清洁工作，甚至更换电刷。

5 防止电动机电源缺相运行

电源缺相的三相电动机不会启动旋转，因为没有启动转矩。运行中的电动机如突然缺少一相电源仍会继续旋转，不容易察觉，但电动机运行发出的声音异常。由两相绕组来承担原来的三相负荷，这两相绕组流过较大的电流，时间稍长会发热损坏，所以一旦发现，应当即停车检查。为了防止电动机缺相运行，控制电路中可接入带断相保护的热继电器进行保护。

6 三相异步电动机的一般试验

异步电动机的试验分形式试验和检查试验。型式试验是对个别产品，（主要指新型号产品）进行全面试验，测试项目很多。检查试验是检查制造出厂的所有成品和大修后的电动机质量，检查试验项目有以下几项。

（1）绝缘电阻的测定。测量各相绕组之间及各相绕组对机壳之间的绝缘电阻，它可判别绕组绝缘是否严重受潮或有严重缺陷，测量方法通常用手摇式绝缘电阻表，如图 8-12 所示。图中 L 为绝缘电阻表"线路"端，G 为绝缘电阻表"接地"端，E 为绝缘电阻表"保护"端。

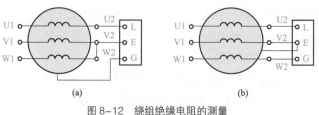

图 8-12　绕组绝缘电阻的测量
(a) 绕组对地；(b) 绕组相间

（2）绕组直流电阻的测定。电动机绕组的直流电阻测量一般用直流电桥，每相绕组的直流电阻值与其三相平均值的最大相对误差应小于 ±5%。如果电阻值相差过大，则表示绕组中有短路、断路，绕组匝数有较大误差或接头接触不良的故障。

（3）转子开路电压的测定。转子开路电压测定是只对绕线转子异步电动机进行的。测定时转子静止固定不动，转子绕组开路，在定子绕组上加额定电压，在转子滑环间测量各线间电压。此时电动机的工作情况与变压器的空载运行相仿，测得的转子开路屯压不应超过铭牌规定数值的±5%，转子三相绕组间的线电压与其平均值之间的误差不大于 ±2%。如果其中有一相电压过低，则表示转子上该相绕组有短路或接线错误等故障。

（4）空载试验。空载试验是电动机检查试验的重要内容之一，通过电动机空载试验，可以检查电动机启动性能、空载电流和空载损耗、电动机的振动和噪声情况、轴承运转情况、电动机的装配质量等。试验时先让电动机空转一段时间，别让摩擦损耗太大而影响试验效果。空载性能测试线路如图 8-13 所示，利用自耦变压器调节加在三相异步电动机定子绕组上的电压，用电压表监视所加电压是否对称，用电流表测量空载电流，用两个瓦特计测量三相功率。由于空载时电动机功率因数较低，最好采用低功率因数瓦特表测量。

三相空载电流平衡。由于三相电源和三相绕组不能完全对称，所以三相空载电流不会绝对平衡，但任何一相电流与平均值的偏差不得大于 10%，如超过则可能是三相绕组不对称、气隙的不均匀程度较严重、磁路不对称等造成。

（5）超速试验。超速试验的目的主要是测试绕线转子及大容量高转速笼型异步电动机的机械强度和装配质量。让电动机在热态情况下以 1.2 倍的额定转速连续空载运转 2min，然后仔细查看有无摩擦、甩漆、脱焊等情况。中小型笼型异步电动机结构简单、牢固，一般不需做超速试验。

（6）短路试验（堵转试验）。常有两种堵转试验方法，一种为定电流测量法；另一种为定电压测量法。其接线图如图 8-14 所示。定电流法是使转子堵住不转，调压器从零开始慢慢升高加在电动机定子上的电压，这时的电动机短路试验和变压器短路试验相似，当定子电流达到额定值时，停止升压并测量此时的短路电压 U_K 及短路损耗 P_K，对于额定电压为 380V 的电动机，U_K 值应在 70~95V 之间，小功率电动机 U_K 值相对大些。如实测 U_K 过大，说明定子绕组匝数过多，空载电

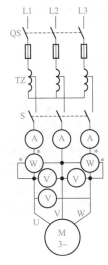

图 8-13 三相异步电动机空载试验图

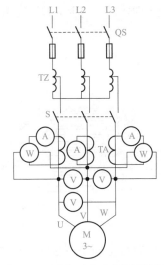

图 8-14 三相异步电动机短路试验图

流变小，启动性能变差。如实测 U_K 过小，说明定子绕组匝数过少，空载电流变大，电动机发热效率降低。

（7）耐压试验。电动机定子绕组相与相之间及每相与机壳之间经过绝缘处理以后，应能承受一定的电压而不被击穿。绕线转子异步电动机还包含转子绕组相与相及相与机壳之间的耐压。耐压试验在耐压试验机上进行，试验电压是工频交流电，额定功率 1kW 以下的电动机试验电压值为 $2U_N$+5000 额定电压 380V 的电动机，功率在 1~3kW 的试验电压值为 1500V，额定功率 3kW 以上的试验电压值为 1760V。试验时，电压一般从 1/3 左右试验电压值开始慢慢调高至最高值，并保持 1min，再逐渐减小到零，以不发生击穿或闪弧为合格。试验时必须注意人身安全，试验结束，被试件必须放电后才能触及。

第 3 节　三相异步电动机的拆装技巧

7 电动机的拆装步骤

（1）电动机的拆卸步骤如下。

步骤 1　卸下风扇罩，如图 8-15 所示。

步骤 2　卸下风扇，如图 8-16 所示。

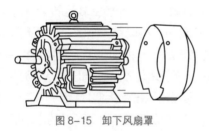
图 8-15　卸下风扇罩

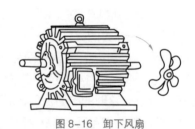
图 8-16　卸下风扇

步骤 3　卸下前轴承外盖和后端盖螺钉，如图 8-17 所示。

步骤 4　垫上厚木板，用手锤敲打轴端，使后端盖脱离机座，如图 8-18 所示。

图 8-17　卸下前轴承外盖和后端盖螺钉

图 8-18　使后端盖脱离机座

步骤 5　将后端盖连同转子抽出机座，如图 8-19 所示。

步骤 6　卸下前端盖螺钉，用长木块顶住前端盖内部外缘，把前端盖打下，如图 8-20 所示。

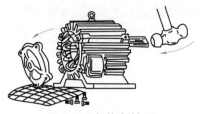

图 8-19　将后端盖连同转子抽出机座　　　　　图 8-20　把前端盖打下

（2）电动机的安装步骤。电动机的安装步骤与电动机的拆卸步骤相反。

8 电动机其他部分的拆装

（1）电动机引线的拆装。拆线时应先切断电源。如果电动机的开关在远处，应把开关里的三个熔丝卸掉，并且挂上"有人检修，不准合闸"的牌子，以防有人误合闸。打开接线盒，用验电笔验明接线柱上确实无电后，才可动手拆卸电动机引线。拆线时，每拆下一个线头，应随即用绝缘带包好，以防误合闸时造成短路或触电事故。接线时，应按铭牌所规定的接法去连接。引线接完后，应把电动机的外壳接地。

（2）皮带轮的拆装。拆卸皮带轮的方法如图 8-21 所示，装上拉具，扳动拉具的螺杆，将皮带轮从电动机转轴上慢慢拉出。对于难以拆卸的皮带轮，可在皮带轮与转轴配合的部位加些煤油，以便顺利地卸下。拆卸时，应注意不要用手锤直接带轮，以防把转轴打弯。

安装皮带轮时，应先将电动机转轴和皮带轮的内孔清理干净，然后将皮带轮套在转轴上，并对齐键槽位置，再用铜板或硬木板垫在键的一端，把键轻轻打入槽内。安装时，应注意键在槽内的松紧程度要适当。

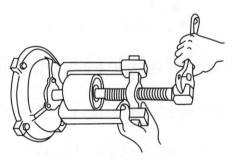

图 8-21　拆卸皮带轮的方法

（3）轴承盖的拆装。只要拧下固定轴承盖的螺钉，即可拆下轴承外盖。拆卸时，应注意将轴承盖标上记号，以防安装时装错位置。

安装轴承盖时，应先在外盖上插入一只螺钉，并转动电动机转轴，使内外盖的螺孔对准，把螺钉拧进内盖的螺孔，然后把其余两只螺钉也装上。

（4）端盖的拆装。拆卸时，应先在端盖与机座的接缝处标上记号，然后拧下固定端盖的螺钉，取下端盖。

安装时，应注意清除端盖与机座接合面上的污垢，并将端盖安在正确的位置上。装螺钉时应按对角线的位置轮番逐渐拧紧，各螺钉的松紧程度要一致。

拆装端盖时，如需敲打端盖，应使用铜锤或木榔头，而且不能用力过大，以防端盖破裂。

（5）转子的拆装。抽出或装入转子时，应注意不要碰坏铁芯和定子绕组。

（6）滚动轴承的拆装。拆卸滚动轴承的方法与拆卸皮带轮相同，如图8-22所示。

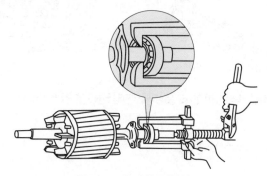

图8-22　滚动轴承的拆卸

安装滚动轴承的方法如图8-23所示。先把轴承套在转轴上，然后用一根内径略大于转轴的铁管套在转轴上，使管口顶住轴承的内圈，把轴承轻轻打入。安装时，应注意使轴承在转轴上的松紧程度适当。

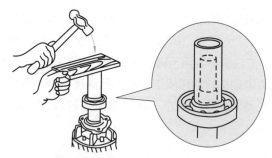

图8-23　安装滚动轴承的方法

第4节　三相异步电动机的常见故障及处理技巧

9　通电后电动机不能转动，但无异响，也无异味和冒烟

（1）电源未通（至少两相未通）。应检查电源回路开关、熔丝、接线盒处是否有断点，修复。

（2）熔丝熔断（至少两相熔断）。应检查熔丝型号、熔断原因，换新熔丝。

（3）过流继电器调得过小。应使调节继电器整定值与电动机配合。

（4）控制设备接线错误。应改正接线。

10　通电后电动机不转，然后熔丝烧断

（1）缺一相电源，或定子线圈一相反接。应检查刀闸是否有一组未合好，或电源回路有一相断线，消除反接故障。

（2）定子绕组相间短路。应查出短路点，予以修复。

（3）定子绕组接地。应消除接地。

（4）电源线短路或接地。应消除接地点。

11 通电后电动机不转，有嗡嗡声

（1）定、转子绕组有断路现象（一相断线）或电源一相失电。应查明断点，予以修复。

（2）绕组引出线始末端接错或绕组内部接反。应检查绕组极性，判断绕组首末端是否正确。

（3）电源回路接点松动，接触电阻大。应紧固松动的接线螺钉，用万用表判断各接头是否假接，予以修复。

（4）电动机负载过大或转子卡住。应减载或查出并消除机械故障。

（5）电源电压过低。应检查是否把规定的△接法误接为Ｙ接法，是否由于电源导线过细使压降过大，予以纠正。

（6）轴承卡住。应修复轴承。

12 电动机启动困难，带额定负载时，电动机转速低于额定转速较多

（1）电源电压过低。应测量电源电压，设法改善。

（2）△接法误接为Ｙ接法。应纠正接法。

（3）笼型转子开焊或断裂。应检查开焊和断点并修复。

（4）定、转子局部线圈错接或未接。应查出误接处，予以改正。

（5）修复电机绕组时增加线圈匝数过多。应恢复正确匝数。

（6）电机过载。应减载。

13 电动机空载电流不平衡，三相相差大

（1）重绕时，定子三相绕组匝数不相等。应重新绕制定子绕组。

（2）绕组首尾端接错。应检查并纠正。

（3）电源电压不平衡。应测量电源电压，设法消除不平衡。

（4）绕组存在匝间短路、线圈反接等故障。应消除绕组故障。

14 电动机空载过负载时，电流表指针不稳，摆动

（1）笼型转子导条开焊或断条。应查出断条予以修复或更换。

（2）绕线型转子故障（一相断路）或电刷、集电环短路装置接触不良。应检查绕线转子回路并加以修复。

15 电动机空载电流不平衡，但数值大

（1）修复时，定子绕组匝数减少过多。应重绕定子绕组、恢复正确匝数。

（2）电源电压过高。应检查电源，设法恢复额定电压。

（3）Y 接电动机误接为△。应改接为 Y。

（4）电机装配中，转子装反，使定子铁芯未对齐，有效长度减短。应重新装配。

（5）气隙过大或不均匀。应更换新转子或调整气隙。

（6）大修拆除旧绕组时，使用热拆法不当，使铁芯烧损。应检查铁芯或重新计算绕组，适当增加匝数。

16 电动机运行时响声不正常，有异响

（1）转子与定子绝缘纸或槽楔相擦。应修剪绝缘，削低槽楔。

（2）轴承磨损或油内有砂粒等异物。应更换轴承或清洗轴承。

（3）定、转子铁芯松动。应检修定、转子铁芯。

（4）轴承缺油。应加油。

（5）风道填塞或风扇擦风罩。应清理风道，重新安装风罩。

（6）定、转子铁芯相擦。应消除擦痕，必要时车小转子。

（7）电源电压过高或不平衡。应检查并调整电源电压。

（8）定子绕组错接或短路。应消除定子绕组故障。

17 轴承过热

（1）润滑脂过多或过少。应按规定加润滑脂。

（2）油质不好含有杂质。应更换清洁的润滑脂。

（3）轴承与轴颈或端盖配合过松或过紧。如过松可用粘结剂修复，过紧应车、磨轴颈或端盖内孔，使之适合。

（4）轴承盖内孔偏心，与轴相擦。应修理轴承盖，消除擦点。

（5）电动机端盖或轴承盖未装平。应重新装配。

（6）电动机与负载间联轴器未校正，或皮带过紧。应重新校正，调整皮带张力。

（7）轴承间隙过大或过小。应更换新轴承。

（8）电动机轴弯曲。应校正电动机轴或更换转子。

18 电动机过热甚至冒烟

（1）电源电压过高，使铁芯发热大大增加。应降低电源电压（如调整供电变压器分接头），若是电机 Y、△接法错误引起，则应改正接法。

（2）电源电压过低，电动机又带额定负载运行，电流过大使绕组发热。应提高电源电压或换粗供电导线。

（3）修理拆除绕组时，采用热拆法不当，烧伤铁芯。应检修铁芯，排除故障。

（4）定、转子铁芯相擦。应消除擦点（调整气隙或锉、车转子）。

（5）电动机过载或频繁起动。应减载，按规定次数控制启动。

（6）笼型转子断条。应检查并消除转子绕组故障。

（7）电动机缺相，两相运行。应恢复三相运行。

（8）重绕后定子绕组浸漆不充分。应采用二次浸漆及真空浸漆工艺。

（9）环境温度高，电动机表面污垢多，或通风道堵塞。应清洗电动机，改善环境温度，采用降温措施。

（10）电动机风扇故障，通风不良。应检查并修复风扇，必要时更换。

（11）定子绕组故障（相间、匝间短路，定子绕组内部连接错误）。应检修定子绕组，消除故障。

19 运行中电动机振动较大

（1）由于磨损轴承间隙过大。应检修轴承，必要时更换。

（2）气隙不均匀。应调整气隙，使之均匀。

（3）转子不平衡。应校正转子动平衡。

（4）转轴弯曲。应校直转轴。

（5）铁芯变形或松动。应校正重叠铁芯。

（6）联轴器（皮带轮）中心未校正。应重新校正，使之符合规定。

（7）风扇不平衡。应检修风扇，校正平衡，纠正其几何形状。

（8）机壳或基础强度不够。应进行加固。

（9）电动机地脚螺栓松动。应紧固地脚螺栓。

（10）笼型转子开焊、断路，绕线转子断路。修复转子绕组。

（11）定子绕组故障。修复定子绕组。

20 电动机外壳带电

（1）接地线松动或断线。应检修接地线。

（2）电动机绕组受潮、绝缘老化或引出线碰壳。应对电动机绕组进行干燥处理，绝缘老化严重时应更换绕组，查出碰壳的引出线，并加包绝缘。

第5节　三相异步电动机的故障排除案例

21 电动机振动过大

电动机正常运行时会有一些微振现象，但振动过大，就需要对其进行检查，并将故障处理。电动机振动过大时，应按下述方法进行检修。

首先检查电动机的机座固定情况。若采用膨胀螺栓固定时，要查看螺栓外面的螺母是否松动，若采用木棒或角铁固定，应对电动机进行加固。

再检查电动机与被拖动的机械部分的转轴是否同心或平行，若不同心会看到拖动部分受力不平衡而向某一方面倾斜。若不平行时会使传动轴或传动带摩擦不均匀，且输出实际转矩变小，带动负载时不能正常运行。

然后检查电动机的转子是否平衡，主要观察转子的转轴是否有偏心弯曲现象，若有，则对其进行修复。

若故障电动机是鼠笼式电动机，应检查鼠笼是否存在多处断条，因电动机断条会引起振动甚至卡壳。

最后对电动机内电磁系统进行检查，主要检查其是否平衡，若不平衡，可导致驱动力不同，即电磁转矩时大时小，而由于动量不平衡导致电动机振动现象。

> **专家提示**
>
> 电动机振动有时会有意想不到的原因，例如，其拖动的负载不同，产生振动的原因可能会有不同。

22 异步电动机断相

故障现象：接在正反转控制电路中的异步电动机在正转过程中，按下反转按钮，其转向不变，持续按下正转方向旋转，经检查，控制电路未有接错线现象。

检修方法：按下停转按钮，使电动机停下，待电动机完全静止后 5min，再按下正转启动按钮，电动机未启动，则表明电动机本身存在断相问题或某相绕组开路，经检查，线路无开路现象，估计电动机断相，若电动机断相，电动机定子绕组与转子会形成大小相等、方向相反的两个转矩，总转矩为零而使电动机不能正常启动，电动机在运行过程中，若有一相断开，此时，该三相电动机相当于单相电动机，电磁转矩方向不变，即使总转矩为零，电动机仍按原方向转动。

23 异步电动机刚启动时，断路器就跳闸

电动机刚启动时，断路器立即跳闸，如图 8-24 所示。则表明流经断路器中的电流过大。在此围绕电流过大问题进行以下检查。

（1）断路器的过流脱扣瞬时电流整定过小。由于启动电流较大，断路器为保护而跳闸，应根据电动机的功率计算它的启动电流，从而再进行整定，最后根据整定再进行调节或更换断路器。

（2）定子绕组接地，导致电流过大而断路器跳闸。断电后，拆下电动机主接线，测量定子绕组对地的绝缘电阻是否正常，若绝缘电阻较小，应找出绝缘不够的定子绕组，拆下线找出定子绕组的匝间接地点，对其进行绝缘处理，通电试验，合格后，再安装在电动机上使用。

（3）定子绕组相间短路或绝缘电阻变小而导致电流变大。用万用表测量定子绕组各相间的绝缘电阻是否正常。若显示值很小，表明绕组间有短路现象。应打开电动机外壳，对定子进一步检查，找到短路处并更换故障定子绕组。重新接到电动机上，经测量绝缘电阻合格后再投入使用。

（4）电动机重载启动，电磁转矩小于带负载的启动转矩或电动机带负载超出设计范围。应检查电动机负载是否过大，若负载过大，应减小负载，或更换大的电动机和配电容量。

（5）电动机型号不符。例如，要采用星形接线的电动机，而购置的却是三角形接线的电动机，安装后可使电动机的启动

图 8-24　断路器立即跳闸

电流过大。而断路器的过渡脱扣电流是按星形接法进行选择的，应更换同型号电动机。

（6）经检查，若不是上述原因，也可能因接线不牢而导致故障。例如，电动机刚启动时，线路处于接通状态，当启动后，由于电动机振动而导致某相的某根接线脱落，脱落接地的电动机即成为单相启动。

24 异步电动机外壳带电

用手背触及电动机外壳，若有麻麻的触电感觉，则表明电动机外壳带电。其检查方法如下。

（1）电动机在运行时必须将其外壳接地。经检查，电动机接地线完好，但接地线与电动机接地螺栓锈蚀，而不能正常将电动机外壳上的电荷入地。

（2）电动机接地不良，是导致人体触电的常见原因，如电动机外壳与内部带电体绝缘良好，其外壳不应带电，应对电动机的引出线盒进行检查，发现接线盒内，有一相绕组引出线裸露长度较长，与线盒内壁很近，在电动机运行时，由于振动，该线与外壳有时会有接触的现象。

> **专家提示**
>
> 电动机外壳带电有两个原因，内部接线与外壳间有碰触或绝缘不良而漏电，接地线连接有问题而不能正常放电。

25 异步电动机的转子轴颈磨损

（1）转子轴颈有磨损时，若只有一两处摩擦痕迹，可采取镀铬法，在摩擦位置绕轴颈一周镀一层铬或镍铬合金即可。

（2）轴颈摩擦严重时，将转子轴颈取下，放在车床上使轴颈直径减小 4mm 左右，再用 45 号钢在车床上车一个合适的套筒，将其套在轴颈上，使两者过盈配合。最后用车床精车至新轴颈的直径，同时应对套管进行表面热处理。

> **专家提示**
>
> 电动机轴颈在工作中容易磨损，应将耐磨材料镀在轴颈上。

26 交流电动机不能启动

按下启动按钮，交流电动机不能启动，经检查电动机无元件烧毁。其故障检修技巧如下。

（1）控制回路接线断路。应检查各个开关、接触器、热继电器等主回路元件及负载接线是否牢靠，若有接触不良，应进行重新接线。

（2）检查控制回路接线是否有原理性错误或接线不通，应按原理图进行检查。

（3）电源电压过低。若用万用表测量电网电压过低，查出故障原因修复来提高电压。

（4）检查定子绕组或转子绕组是否断路。用表测量定子或转子绕组的电阻阻值，若为无穷大，则表明断路。若电动机有一相断路将无法启动。

（5）主开关与电动机容量不匹配，导致电动机无法带动负载。

> **专家提示**
>
> 抓住无元件烧毁排除一大部分因素，从而检查相对简单。

27 短路侦察器检查定子绕组短路

短路侦察器是检查定子绕组短路的好方法，有两种操作方法。

（1）第一种方法所用设备有：单相交流电源、开关、电流表一只。把接线盒内的连接片取下，如图8-25所示，将各设备接成回路，把短路侦察器的开口放在铁芯上，打开控制开关，侦察器得电，让它贴着定子铁芯的内表面缓慢移动，当被测线圈中有短路现象时，电流表指针指示变大。关上开关，将侦察器放在定子铁芯其他槽中后，重新操作移动一遍，若定子绕组有短路处，则一定能够找到。

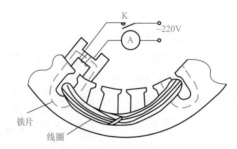

图8-25 短路侦察器定子绕组短路的检查接线（一）

（2）第二种方法所用设备有：单相交流电源、开关、侦察器，把接线盒内的连接片取下，如图8-26所示，将交流电源、开关与侦察器接成回路，把侦察器的开口放在被检查的定子铁芯槽口处。合上开关后，用侦察器的钳子钳住条形铁片放在槽口附近的另一边的槽上面很近的位置，感觉到钳住的铁片有吸力，若松手放在槽上，铁片会发出"吱吱"的叫声，则表明被测绕组中有短路现象。同理，用侦察器可侦察其他两相绕组。

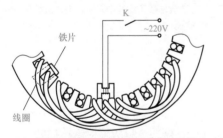

图8-26 短路侦察器定子绕组短路的检查接线（二）

> **专家提示**
>
> 侦察器与短路处形成回路时有交流电源产生，所形成的磁场吸附铁片，或形成回路中的电流表因有短路而使回路电阻变小，电流增大而发现短路部位。切记，断电前侦察器不应离开铁芯，以防止线圈产生大电流而危及操作者的人身安全。

28 绕组绝缘电阻偏低

绕组绝缘电阻偏低时，电动机通电后绕组内的电流偏大而发热，也可引起三相电流不平衡，该电动机若继续运行，会被烧坏。

检查方法：将接线盒内的连接片取下，把电动机平放在地上。接着让绝缘电阻表自检一下，把绝缘电阻表的两个接线夹分别夹住电动机的外壳和接线盒内的任一相绕组的接线端子。将表平放，一只手按表不动，另一只手摇表手柄，以120r/min转速摇动，观察绝缘电阻表上指针或数显表的显示值较稳定时，记录其读数。当读数是 500kΩ 以上，则表明绕组完好，若读数低于该值，则表明绕组绝缘电阻偏小，应对三相绕组分别测量，若不合格，应把绕组全部找出并换掉。

29 电动机轴承过紧或过松

（1）轴承装配过紧。电动机轴承是电动机输出动力的主要部件。在装配过程中，若轴承内径与轴或端盖与轴承外径通过强力压装，属于过盈配合，都会使轴承受到外力作用而损坏。此种安装方法有时会导致轴承因过紧而发热，若电动机长时间运行，会使轴承温度升高并导致电动机温升迅速提高，并有烧毁电动机的可能。若轴承装配过紧，应根据公差大小用砂纸打磨或放在外圆磨床进行磨削，对其进行表面处理后，重新装配，达到图纸要求。若仍过紧，可在紧配合部位涂上润滑油脂。

（2）轴承装配过松。若轴承装配过松，轴承会受离心力的作用而发生变形导致偏离中心，同时轴承与轴之间的部分被磨细，从而使输出转矩变小，导致电动机的输出功率也变小。此时，电动机相当于过负荷运行，危害性不言而喻。轴承装配过松时，应检查轴承，有"跑外套"的可将轴颈磨细，应用骑缝螺栓与端盖固定，无法修复者，应进行更换。

（3）电动机在运行中，由于机械振动会导致轴承松动，或对电动机大修后，经多次拆装而使轴承松动或轴承外圈与端盖配合不牢，而不同步运行。这样，造成轴承滚动磨损，从而使实际输出功率变小，同时也造成定子、转子发生摩擦，使电动机局部过热。

处理方法：若轴承受损应更换轴承，若出现外钢圈与轴承座不同步，可在轴与轴承接触部位涂一层金属镍但不要使轴承过紧。

30 电动机转轴有变形或弯曲

电动机运行过程中，若转轴由于材质差、温度过高的影响，会使电动机转轴出现变形、径向或纵向的裂纹现象。若予以更换新轴，将带来一定的经济负担，应进行修复。具体方法如下。

（1）由于转轴输出转动力矩，必然受外力的作用，转轴会发生明显的变形，严重时，会产生扫膛现象，使电动机转子不能在定子内部转动，有时输出连接部件会出现甩脱现象，并造成重大安全事故。应用测量工具测量转轴的同心度和同轴度，若纵向弯曲超过 0.1mm，应采用校正用压力机进行加压校正，若有较好的焊接材料和焊工，可在其弯曲部分均匀堆焊后，用车床车铣后再用外圆磨床，进行表面处理到要求的精度和表面粗糙度。若弯曲度过大，则应更换轴。

（2）如果转轴断裂或裂纹超过 15%，且影响电动机的输出性能和安全时，应更换新轴。同时检查故障是否是材质不良造成的，以免换上新轴后同样断裂。

（3）如果转轴纵向裂纹小于 10%，或径向裂开小于轴径的 15%，应采用特殊的焊条对破损处进行补焊。然后，对外表面车铣和磨圆，再对其表面进行热处理，仍可继续使用（要降级或减载使用）。电动机转轴有变形或弯曲的检查如图 8-27 所示。

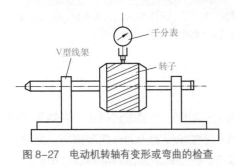

图 8-27　电动机转轴有变形或弯曲的检查

专家提示

在修复过程中，对于有裂纹的转轴可修补好，最好减载或降级使用。

31　电动机滚动轴承异响

对运行中的电动机，可将螺钉旋具的刀尖压在轴承盖上，让耳朵贴近螺钉旋具手柄，监听轴承的响声。若能听到滚动轴承有隐约的滚动声，声音单一而均匀，则表明轴承良好。若滚动轴承发声嘶哑、低沉有力，则表明轴承内、外圈间有杂质侵入，应更换润滑油脂，必要时需要清洗轴承。电动机滚动轴承的结构如图 8-28 所示。

图 8-28　电动机滚动轴承的结构

专家提示

利用共振原理通过螺钉旋具将声响传递到外部，并根据声音情况判断轴承摩擦正常。

32　异步电动机空载电流偏大

电动机空载启动后，配电盘上的电流表显示明显偏大，为了弄清原因，进行以下检查。

（1）电源电压偏高。观察配电盘上的电压指示，看是否过大。或用万用表进行测量，若是电压偏高，应检查电源问题，一般电源电压不会高，可能是因电容过度补偿造成的。

（2）绕组内部有匝间短路。由于匝间短路会导致绝缘电阻变小而使空载电流变大，应对绕组进行检查。若有匝间短路现象，应更换电动机或对损坏的绕组进行修复。

（3）定子绕线线径较大，使绕组总电阻减小而导致电动机空载电流偏大，应更换合适的线径进行重绕或更换电动机。

（4）上述故障可能是因损坏而复修的电动机，在维修时可能导致定子匝数不足、内部极性接错、星形接线变成三角形接线，应根据具体情况予以排除。

（5）电动机结构方面的原因。若定子与转子铁芯不整齐，应打开端盖仔细观察，若有不齐，进行调整后再通电观察空载电流。若轴承摩擦过大，应涂抹润滑油。若铁芯质量不好或材料不合格，应更换铁芯。

33 异步电动机空载电流偏小

电动机空载启动后，若配电盘上的电流表显示明显偏小，应进行以下检修。

（1）电源电压偏低。观察配电盘上的电压指示是否过小，或用万用表测量电源电压是否过小，若是，应检查电源，一般电源电压偏低的原因是总负荷过大所致。

（2）绕组内部有匝间短路现象。由于绕组短路会导致电流变大，运用本书中检查的方法对绕组进行检查。若有，更换电动机或对绕组进行整改。

（3）定子绕线线径较小，使绕组总电阻偏大，导致空载电流偏小，应更换电动机或更换接线重绕。

（4）误把绕组三角形接法变为星形接法，应更改接线后重试。

34 电动机温升过高

温升是核定电器质量的最重要因素，温度过高对电器损害最大。电动机温升过高直接影响它的电气寿命和机械寿命，严重时会立即烧毁，有些电动机也会炸裂，将危及人和其他设备的安全。一般电动机用手背可感知电动机温度，有些电动机带有温度传感器输出指示，若发现温度超过一定值时，要请示主管后立即停止运行（消防栓泵和喷淋泵除外），并进行降温处理后，查找原因，以防再次运行时，麻痹大意而使温度过高造成事故。电动机温升过高的故障检修如下。

（1）长时间运行而无另附散热设备是电动机温升过高最常见的原因。若电动机长期工作（24h或常年），并靠电动机自身设计条件来散热，应调查电动机运行记录，即可知道它是否为长时间运行。处理方法是：与备用电动机形成互为备用，减小工作周期，或增加通风设备及其他散热方式来降低电动机的温度。

（2）负载过重，会使工作电流增大，发热量成指数倍增加，电动机温度迅速升高。检查电动机所带的负载功率是否接近或超过电动机的功率。处理方法是减载运行或更换电动机和成套配电设备。

（3）电动机频繁启动或正反转次数太多。因为电动机的启动电流比运行时工作电流大得多，频繁启动相当于增加负载，使电流平均较大。电动机正反转次数太多，经常调换方向增加了电动机的制动电阻，发热量也会增大。处理办法是限制启动次数、降级运行、增加设备等。

（4）电源断相或接线方法错误，会使电动机三相运行变为两相运行（相当于单个绕组接受两相电压），这样，很快使电动机绕组因发热而烧毁，应检查电动机主回路的各段接线有无掉线、接触不良等，必须停电检查。若将绕组的三角形接法变成星形接法，由于连接方法不同而使电动机绕组所受的电压变大，电动机会因电流变大而温度升高。

（5）电源电压过高或过低，应用万用表检查电源电压即可。

（6）定子绕组相间或匝间短路，一方面短路使绕组电阻变小，电流增大，另一方面，反馈电压不平衡。这些都可使电动机温度升高，应予以检修。

（7）轴承摩擦力过大或杂物卡轴。因电动机长期使用，其内部的灰尘会使摩擦系数变大，或因振动有其他杂物进入轴承内，卡住轴承联结件，使电动机因摩擦而发热量变大。应停机检查，必要时打开电动机外壳，清理异物或用电风扇吹出灰尘。

（8）鼠笼形电动机的转子导条断裂、开焊，使损耗增加而发热，应停机后检查电动机。

（9）转子与定子铁芯摩擦严重，导致局部温升过高。停机后，应打开电动机外壳，观察有无磨损的痕迹。

（10）电动机的传动部件发生故障，受到外力的反向牵制，导致转速变慢，电流变大。应检查电动机所带负载的传动部件周围有无异常状况。

（11）经过大修或重绕的电动机，维修时可能想方便而使每相绕组都去掉一部分，使整体匝数变少。此种电动机需要减载运行、短时带负载或作为备用电动机使用，否则会因运行电流过大而使电动机温度升高。

（12）旋转方向反向，因制作电阻或阻尼电阻过大，转速变小，发热量增大，超过一定时限，也会因温高而烧毁电动机。

35 定子绕组接地

检查定子绕组某相是否有接地故障时，应认真观察绕组的实际损坏情况，若接地点较多，应重绕。若接地点较少，应按以下方法进行检修。

（1）若绕组受潮，应将整个电动机绕组进行预烘干，再在绕组上浸绝缘清漆，晾干后再进行烘干（切忌浸漆后立即预烘，否则绝缘清漆会快速收缩，造成补漆厚薄不均匀，绝缘程度不一样）。

（2）双层绕组的上层边槽内部接地。先把绕组用烘箱将其加热到130℃左右使绕组软化后，去掉接地绕组用的槽楔，再把接地线圈的上层边起出槽口后，清出损伤绝缘杂物，并将损坏的绝缘处敷好。同时检查接地点是否有匝间绝缘损坏，若有损坏，应按同样方法处理好。最后把绕组的上层边塞入槽内部，并小心打入槽楔即可。同时用万用表的电阻挡测量故障线圈的绝缘电阻，合格后再用绝缘纸包好，涂上绝缘清漆。

（3）一般情况下，槽口处的绝缘最容易破坏，若只有一根导线绝缘层损伤，可把线圈加热到130℃左右，使绝缘层软化，用划线板撬开接地处的槽绝缘层，把此处烧焦或溃烂的绝缘清理出来，插入稍大一些的新绝缘纸板。然后用万用表测量绝缘电阻正常后在故障点处涂上绝缘清漆即可。

（4）若接地点在端部槽口旁，绝缘破坏一般不大，应在导线与铁芯间垫好绝缘纸板后包好，涂上绝缘清漆后晾干即可。

（5）若接地处在槽内部，可抽出槽楔，用划线板将匝线慢慢依次取出，直到取出故障点的匝线后，用绝缘胶带将损坏处包紧，再把取出的线放入线槽内，用绝缘纸包住，加上槽楔。

（6）若铁芯的硅钢片凸出而使绕组接地，应用划线板划破绝缘层拆下绕组，将凸出来的硅钢片敲下，并在损坏处进行绝缘处理。

专家提示

修补绝缘不良的绕组，注意不要损坏其他部位的绕组绝缘，要细心观察认真处理并一次性修好。重新装复绕组时要压紧，涂绝缘清漆要均匀。

36 异步电动机转速低

电动机启动后，其转速小于额定转速，表明电动机未正常运行而转速较低。其检查方法如下。

（1）查看配电设备上的电压表，或用万用表测量电源电压，若电压过低，应再观察几秒，确认电压不是瞬时过低时，要立即停机，防止低压运行时因发热量加大而烧毁电动机。应检查电源电压过低的原因并予以排除。

（2）检查电动机是否有接线错误，如三角形接法接成星形。打开接线盒，一看便知。若是接线错误，应停电后，按电动机铭牌所标连接进行正确接线。

（3）检查是否负荷过重，或拖动的机械被轻微卡住。应查看电动机所带负载是否有加重现象，拖动机械有无被卡现象。若有，应立即减载或解除卡件。

（4）若不是上述原因，则可能是电动机内部故障。鼠笼型电动机转子导条断裂或虚焊炸开，其原因大多是启动频繁或重载启动形成的。因为启动时，转子承受较大的机械离心力和热应力作用，若电动机所带负载的冲击性和振动很大，也会因转子疲劳而断条、开焊等。应更换被损元件，同时对其施行减振措施和缓冲办法。

专家提示

电动机转速低时，不要慌张，应使电动机在不烧毁的前提下运转，分析原因，同时按由外到内，由电气到结构的顺序进行检查。最后采取相应的更正措施。

37 笼型转子断条

笼型转子断条后带负载时，电动机转速立即下降，定子电流会时高时低，并使转子发热。其转子断条故障检修如下。

（1）用大电流发生器加在转子的两端，使转子上通过较大的电流（300A 以上），再用铁屑撒在转子上，铁粉在电流产生的磁场作用下，铁屑自动在转子上均匀排列，若均匀排列的铁屑在某处出现开点和零星现象时，则表明转子在此处有断裂或缺陷。

（2）将定子绕组按星形连接后，三相绕组分别串入一只电流表，表的另一端接在三相调压器输出端的高压侧，低压侧接在定子绕组的星形中性点上，均匀加压至 50V 以上。此时，用手慢慢转动转子，观察三只电流表，若发现表针有剧烈摆动现象，则表明该绕组有断条。若该电动机为双笼转子时，让电动机带上负荷，再观察电流表，随着双倍转差率的节奏而摆动，并发出"嗡嗡"的响声呈周期性，则表明转子中可能存在断条和缩孔等缺陷。

（3）把转子放在铁芯式断条侦察器的两个铁芯上，把转子逐槽（转一周）均匀移动，若毫伏表读数突然变小，表明铁芯开口下的转子导条有断条，把每个转子都试一遍，有时断条处不只一处。

（4）可利用电磁感应法，准确判断笼型转子断条的槽位，若电流表读数大，锯条有明显振动，则表明无断条。若电流读数变小，锯条不振动，则表明该转子存在断条故障。

断条的处理方法。若转子多处断条，可直接更换笼子。若几个笼条断裂，用钻头将笼两头钻通，切记要按斜槽的方向钻，再插入直径相同的新铝条，再用电焊机把两端焊好，同端环成为一个整体，但不要形成虚焊，以免再次断裂。然后对多出的部分进行车削。

对于大型笼型电动机，其笼较大，可用钻头垂直转子表面钻，从槽口钻到故障处，当看到铝条时，再用氩弧焊从槽口向外焊到断裂的位置。

专家提示

进行处理断条故障时，不要把铸铝条改成铜条，一是从经济角度不可，二是不同金属间焊接后的膨胀系数不同，有可能再次断裂。

38 清洗电动机滚动轴承

当电动机的滚动轴承有污物时，应进行清洗。不同防护方法，清洗所用材料和方法各有不同，具体如下。

（1）用汽油、煤油材料，可清洗有防锈油封的轴承。

（2）若是用高黏度油和防锈油脂进行防护的轴承，可把轴承放入温度在100℃以下的轻质矿物油、机油或变压器油中，等防锈油脂完全熔化后，再将轴承从油中取出，晾干后再用汽油或煤油清洗，清洗时，不能用铁刷或毛刷清洗，应用油布擦洗。

（3）若是用防锈水、气相剂和其他水溶性防锈材料防锈的轴承，可用肥皂水或其他清洗剂清洗。用一般钠皂洗时，第一次取2%油酸皂配制溶液，加热温度到80℃左右，清洗3min。第二次清洗，不用加热，在常温下清洗3min。第三次用水冲刷（用664清洗剂或其他清洗剂混合）。

用水冲后的轴承，应先脱水再涂防锈油脂，最后加入润滑剂。

（4）清洗后的轴承，要用干净的布或纸垫在底部，不要放在工作台等不干净的地方。也不要用手碰轴承，以免手出汗使它生锈，最好戴上专用透明橡胶手套操作。

专家提示

轴承的种类不同，使用和保养方法应有所区别。

39 通过转子来区分笼型和绕线型三相异步电动机

笼型和绕线型三相异步电动机的区别。笼型电动机的转子绕组是由转子槽内的铜条或铝条串起来形成一组导电回路，如图8-29所示。若把转子铁芯都取下来，则所有的短接导线回路结构的形状像是一个松鼠笼子，因而得名笼型电动机。绕线型电动机的转子与定子差不多，它用铜线缠绕而成，并分成三相绕组放入转子铁芯的槽中，绕组的首端分别接到各铜滑环上，如图8-30所示。三相绕组像三个纺织用的梭子一样而被铜线环绕。笼型三相异步电动机外形如图8-31所示。绕线型三相异步电动机外形如图8-32所示。

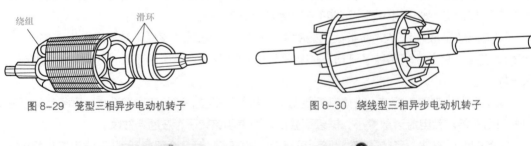

图 8-29　笼型三相异步电动机转子　　　　图 8-30　绕线型三相异步电动机转子

图 8-31　笼型三相异步电动机外形

图 8-32 绕线型三相异步电动机外形

40 快速鉴别三相异步电动机的好坏

鉴别三相异步电动机的快速技巧如下。

（1）摇绝缘电阻：用绝缘电阻表测量电动机定子绕组与外壳之间的绝缘电阻，若所测绝缘电阻值大于 500kΩ，则表明电动机良好。

（2）检查匝间绝缘：用万用表判断各绕组间的电阻阻值大小，应大小相近，则表明绕组匝间绝缘正常。

（3）检查相间绝缘：若电动机是星形接线时，可将万用表调至最小量程的电流挡，用万用表两只表笔与电动机接线盒中的任意两相接头接触，同时用手摇动电动机，使其空转，此时万用表指针若左右摆动，且每两相都摆动幅度基本相同，则表明电动机良好。若电动机绕组是三角形接法，只需将连接片拆下，临时接成星形（且记住原接线位置，以便恢复原状），再用万用表表笔三相每两相测定，即可判断出三相异步电动机的好坏。

41 用检验灯检测三相电动机绕组的断路故障

三相电动机断路故障一般在电动机电源或电动机本身。若电动机电源出现断路故障，则很容易查出。而电动机内部绕组断路，则不易查出。电动机绕组断路的故障的检测技巧如下。

（1）打开电动机的接线盒，查看电动机接线盒中的接线与接线柱是否脱落。

（2）若接线没有脱落，当电动机绕组为星形接法时，可将尾端连接片接在 220V 电源中性线上，将检验灯的一端接在 220V 电源相线上，另一端分别与各相绕组的首端相连，分别通电后，如果每个绕组串上检验灯后，检验灯都正常发光，则表明电动机不存在断路故障。反之，某一相绕组连接后若检验灯不亮，则表明断相故障就在该相绕组内。当电动机绕组为三角形接法时，可将三个连接片全部拆下，把每个绕组分别与检验灯串联在 220V 电路中，若发光，则表明该绕组无故障，若不发光，则表明该绕组存在断路故障。

42 检查异步电动机三相电流不平衡

检查异步电动机三相电流不平衡的技巧。

（1）在功率较大的电动机控制回路中都装设有三相电流表，三相电流不平衡时可从表中清晰看到。一般情况下，三相电压不平衡是三相电流不平衡的原因。应首先用万用表分别测量三相电压大小，若确实为电压原因，可从电源方面查找原因。

（2）若三相电压平衡，而三相电流不平衡，则表明三相绕组自身存在问题，若绕组断路，该相电流表无电流显示，其他两相电流急剧增大。若不是上述原因，则表明绕组间有匝间短路现象。

（3）若绕组中有匝间短路现象，该相电流表读数会增大，且该绕组还会因发热而使绝缘介质变脆，并稍有焦臭味产生。

43 笼型电动机改成同步电动机

笼型电动机改成同步电动机的技巧。把笼型三相电动机的转子卸下，放在铣床上，在转子外表面均匀铣出与所需同步电动机极数相同的槽数，而槽宽为 1/3 极距，槽深大约 5mm 即可。

笼型电动机的结构如图 8-33 所示。同步电动机的结构和外形如图 8-34 所示。

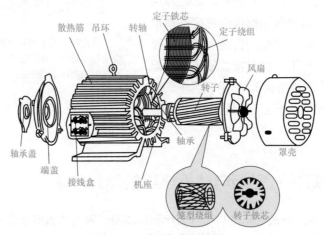

图 8-33　笼型电动机的结构

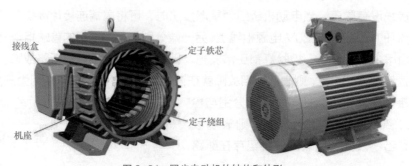

图 8-34　同步电动机的结构和外形

44 测量三相异步电动机极数

测量三相异步电动机极数的技巧。选择万用表 2.5V 电压挡，将表笔接触电动机定子绕组的任一相的两个接线端，正常时表针应指示为零。接着按一个方向慢慢转动转子一周，并观察万用表指针偏离零的次数，此时万用表指针偏离零的次数就是三相电动机的极数。如果使用的是双向刻度电压表，按上述操作时，指针偏离零位的次数就是电动机的极对数。

> **专家提示**
>
> 上述万用表指针在转子转动时每次偏离零位，就是每一组线圈产生的反向电动势的时候，转子转动一周，万用表就把所有线圈产生反向电动势的次数得以显现，从而反映电动机的极数。

45 用验电笔判断电动机是否漏电

电动机在运行时，有时操作人员会无意触及其外壳而产生被电"麻"一下的感觉，这会让人心惊。必须检查电动机漏电或外部感应的电荷对人放电，需要进行以下检测。

先让电动机带电工作，然后用验电笔触及三相电动机的外壳，若验电笔的氖管发出亮光，则表明电动机绕组与外壳相碰触或间接接触，是三相电动机漏电的表现。有时用绝缘电阻表测量单相电动机或其他单相用电设备绝缘电阻很高，但用验电笔测量时验电笔氖管仍发亮而显示带电，应为电磁感应产生的电荷放电造成的。

取一只 1500pF 的电容器（耐压值不小于 250V），将其并联在验电笔的氖管两端，然后再用验电笔触及电动机的外壳或带电设备的外部，若此时验电笔氖管仍发出亮光，则表明电动机外壳或带电设备外部漏电，应对设备进行断电检查，找出故障原因，并排除后再通电使用。若此时验电笔氖管不亮或暗淡或若隐若现，则表明测得的带电设备外部或电动机外壳是感应电荷。对于感应电荷也应将其排除。当电动机外壳有感应电荷时，应对电动机的外壳接地线进行检查。若接地线接触不良或已生锈而导电能力差，应重新更换接地线。若带电设备外部带电时，可将带电设备的绝缘层或外部接地线进行放电。

> **专家提示**
>
> 感应电与漏电一样，有时会伤及人体，应将感应电荷及时放掉，这时若人体再触及带电体，就不会对人体安全造成威胁。

第 6 节　三相异步电动机绕组的始端和末端的判断技巧

三相异步电动机的绕组有六个出线头：U1、V1、W1、U2、V2、W2，如果已经分不清它们的始端和末端，则必须重新查明。下面介绍几种方法。

46 灯泡检查技巧

首先分清哪两个线头是属于同一相的，如图 8-35 所示，然后决定它们的始端和末端。将任意两相串联起来接到 220V 电源上，第三相的两端接上 36V 灯泡。如灯亮，表示第一相的末端是接到第二相的始端，如图 8-36（a）所示。如灯不亮，即表示第一相的末端是接到第二相的末端，如图 8-36（b）所示。同样方法可以决定第三相的始端和末端。试验进行要快，以免电动机内部长时间流过大电流而烧坏。

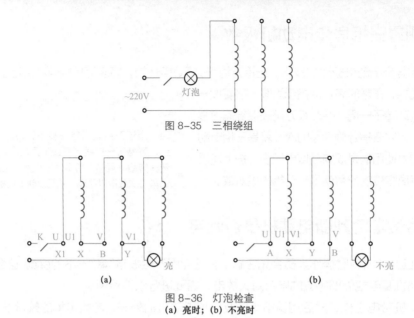

图 8-35　三相绕组

图 8-36　灯泡检查
(a) 亮时；(b) 不亮时

47　万用表检查技巧

　　将三相绕组接成 Y 形，把其中任意一相接上低压 36V 交流电，在其余二相出线端接上万用表 10V 交流挡，如图 8-37（a）所示，记下有无读数。然后改接成图 8-37（b）所示，再记下有无读数。

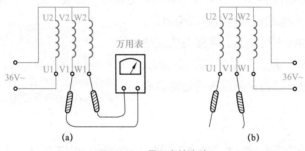

图 8-37　用万表检查法

　　若两次都无读数，说明接线正确。若两次都有读数，说明两次都没有接电源的那一相倒了。

　　若两次中只一次无读数，另一次有读数，说明无读数的那一次接电源的一相倒了。

专家提示

　　如果没有 36V 交流电源，可用干电池（甲电）作电源，万用表选 10V 以下直流电压挡。一个引线端接在电池的正极，将另一引线端去触电池的负极，当电表的指针摆动，即表示有读数。如电表的指针不摆动，即表示无读数。

48　转向检测技巧

　　对小型电动机不用万用表也可以辨别接法是否正确，如图 8-38 所示，首先分清哪两个线头属于同一相，然后每相任意取一个线头，将三个线头接成一点，并将该点接地。用两根电源线分别顺序接在电动机的二个引线头上，看电动机的旋转方向。

如果三次接上去，电动机转向是一样的，则说明三相头尾接线正确。

如果三次接上去，电动机有两次反转，则说明参与过这两次反转的那相绕组接反了。如第一次 U、V 相，第二次 V、W 相都反转，V 相有两次参与，说明 V 相接反，将 V 相的两个线头对调即可。

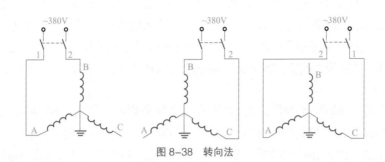

图 8-38　转向法

第 7 节　定子绕组电压改变的技巧

在修理工作中，常遇到三相绕组的电压与所用网路系统的电压不相符合，造成电动机不能使用。为了使电动机在不同的电源电压下能继续使用，就需要对电动机的三相绕组重新改接。

49 改接要求

在改接中必须注意几个问题。

（1）首先要考虑电动机原来绕组的绝缘是否能承受改接后的新电压。一般高压电动机改为在低压电源上运行的不必考虑绝缘问题，而低压电动机要改为在高压电源上运行时，则所改的新电压不应超过原来电压的二倍，否则绕组的绝缘要求达不到。

（2）电动机的极数是否能适应于绕组连接的路数。电流通过的路径称为电路。所谓异步电动机定子绕组的路数，就是指每一组电流通过的路径数，若一相电流只从一条路径通过便是一路，若一相电流分别从两条路径通过便是二路，以此类推，每相电流通过几条路径，就说此绕组是几路绕组（对星形绕组而言）。电动机的极数是确定绕组连接路数的一个重要因素，它和连接路数应成倍数关系。例如一台四极的电动机，如果原定子绕组是一路接法，那么改接后的绕组可为二路或四路接法，而改为三路或五路接法就不行了，因为磁极数不能被路数所平分，因此无法连接。二极到十极的电动机可以并联的支路数见表 8-1。

表 8-1　　　　　　　　　　　　　　二极到十极的电动机可以并联的支路数

极　　数	2	4	6	8	10
许可的并联支路数	1；2	1；2；4	1；2；3；6	1；2；4；8	1；2；5；10

（3）改接后电动机的容量、极数、线圈节距、温升、铁芯各部分的磁通密度以及三相绕组中的电流强度和绕组中每匝所承受的电压则一律应保持和原绕组中的数值一样或稍微有些差别。

50 改接绕组的技巧

在改接绕组之前，首先要把改接的绕组的百分数求出。如果把一路 Y 接线的绕组，改接为二路 Y 接线的绕组，则绕组串联的匝数减少了一半，如果把原绕组定为 100%，那么改接为二路 Y 接线后的绕组，即为原绕组的 50%。如果把一路 Y 接线的绕组，改为一路 △ 接线的绕组，则改接后的绕组即是原来绕组接线的 57.7%（原设计 △ 接线绕组的导线匝数定为 100%）。因 △ 接线绕组的匝数是 Y 接线绕组串联匝数的 1.73%，当把一路 Y 接线的绕组改接为一路 △ 接线时，绕组中的实际导线匝数并没有改变，故一路 Y 接线的绕组在改接为一路 △ 接线后，那是原设计一路 △ 绕组的 57.7%。

根据以上所述，找出其行动的规律，并且应用这些规律指导行动，其结果是，如果把原 Y 接线的绕组改接为数路的 Y 接线或数路的 △ 接线，只要把原绕组 Y 接线的路数除以要改接的 Y 接线或 △ 接线的路数（改 △ 接线时须乘上 57.7%），把所得的商乘上百分数就是改接绕组的百分比。如果原绕组是 △ 接线时，要把它改接为数路 △ 接线或数路 Y 接线，同样，是把原来 △ 接线的路数除以要改的 △ 接线的路数（改 Y 接线时须再乘上 1.73 倍），所得的商乘上百分数，就同样是改接绕组的百分比。

知道了绕组的百分比后，还需把要改的电压与原电压的百分比求出来。我们把原电压定为 100%，把要改的新电压除以原电压，再乘上百分数，即是新电压同原电压的百分比。

第 8 节　单相异步电动机的结构、原理、拆装和检修技巧

单相异步电动机是异步电动机的一种，由于其工作只需要单相交流电，故应用范围比较广泛。

51 单相异步电动机的结构

单相异步电动机都是由定子、转子、起动元件（离合开关、PTC、电容器等）等组成。其结构与一般小型笼式电动机相似，如图 8-39 所示。

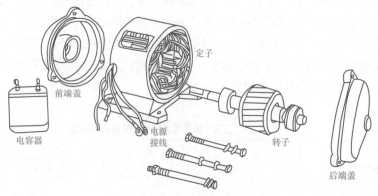

图 8-39　单相异步电动机的内部结构

（1）定子结构的识读技巧。定子是指电动机不运转部分，由定子铁芯、定子绕组和机座组成，如图 8-40 所示。

1）定子铁芯。定子铁芯由厚度 0.35 ~ 0.5mm 的硅钢片冲槽叠压而成，其特性铁损小、导磁性好。

2）定子绕组。单相异步电动机的定子绕组由主绕组和副绕组组成。主绕组又叫运行绕组，其漆包线一般较粗，电阻值较小。副绕组又叫启动绕组，其漆包线一般较细，电阻值较大，如图 8-41 所示。

专家提示

漆包线的线径和电阻值的大小是区别主、副绕组的依据，但也有主、副绕组的漆包线线径一样，电阻值相等的情况，如洗衣机用电动机。

图 8-40　定子的结构

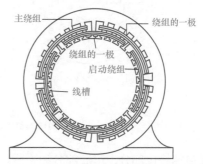

图 8-41　定子绕组

3）机壳。机壳一般采用铸铁、铸铝和钢板等材料制作，单相异步电动机的机壳可分为开启式、封阀式、防护式等几种。

4）气隙。气隙是指定子和转子之间的间隙，对电动机的性能影响较大。中小型异步电动机的气隙一般为 0.2 ~ 2.0mm 之间。

专家提示

有些专用电动机没有机壳，只是把电动机与整体制作成一个整体，如电锤、电钻等便携式电动工具。

（2）转子的识读技巧。转子是指电动机运转的部分，由转子铁芯、转子绕组和转轴等组成。转子绕组可分为笼型转子（由若干较粗的导体条和导体环构成的闭合转子绕组）和绕线转子（由漆包线绕制成的转子绕组）。转子外形如图 8-42 所示。

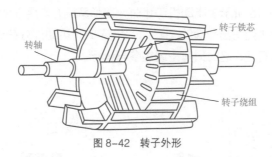

图 8-42　转子外形

52　启动元件

单相异步电动机没有启动力矩，不能自行转动，需要启动元件和副绕组一起工作电动机才能运转。单相异步电动机的种类不同，所结合的启动元件也有所不同。常用的启动元件有：离心开关、启动继电器、PTV 起动器、动合按钮和电容器等。

（1）离心开关。在单相异步电动机中，常用有盘形和 U 形夹片式离心开关。

离心式开关包括静止部分与旋转部分。旋转部分装在转轴上。静止部分是由两个半圆形铜环组成，中间用绝缘材料隔开，装在电动机的前端盖内，其结构如图 8-43 所示。

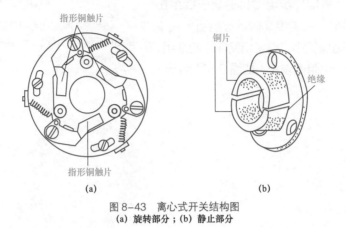

图 8-43　离心式开关结构图
(a) 旋转部分；(b) 静止部分

离心开关包括静止部分、可动部分和弹簧。静止部分装在前端盖内，用以接通副绕组回路。可动部分和弹簧装在转子上。

开关部分由 U 形磷铜夹片和绝缘接线板组成，还有一对动触头和静触头，以分断电路。开关部分一般安装在端盖内，其外形如图 8-44 所示。

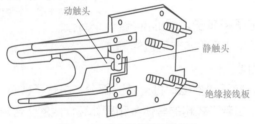

图 8-44　离心开关的开关部分

离心开关原理如图 8-45 所示。电动机静止时，在弹簧压力作用下两触头闭合，接通副绕组，电动机通电启动。当转速达到同步转速的 70% ~ 80% 时，可动部分在离心力作用下，转动的重块克服弹簧拉力而使触点断开，这时只有主绕组参与运行。

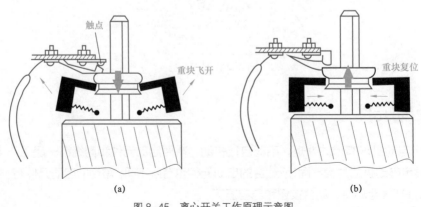

图 8-45　离心开关工作原理示意图
(a) 触点分开时状况；(b) 触点闭合时状况

离心开关运行可靠，但结构复杂，应用较少。

（2）启动继电器。

1）电流继电器。继电器的线圈连入主绕组回路，触点连到副绕组回路如图 8-46 所示。电动机合闸前，触点在垂锤的作用下打开，电动机合闸后，主绕组中流经较大的启动电流，流经继电器磁力线圈后产生磁力，动触点上移，吸合触点，副绕组接通，电动机开始启动。随着电动要转速上升，主绕组电流下降，磁铁吸力减小，在重锤的作用下，断开副绕组（在 $n=78\%n_1$ 左右时继电器动作），完成启运过程。

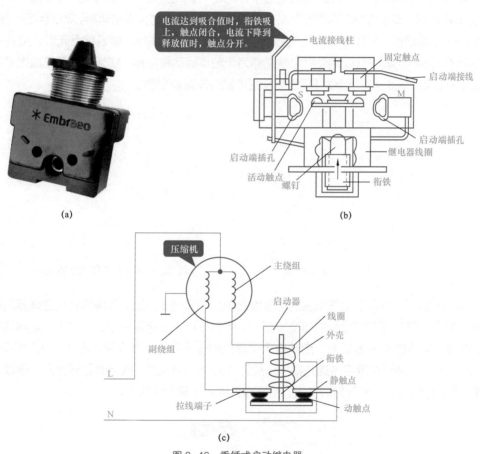

图 8-46 重锤式启动继电器
(a) 外形；(b) 内部结构；(c) 接线方式

2）电压继电器。在定子绕组中再嵌放一附加绕组，并与继电器的线圈相连，如图 8-47 所示。在电动机合闸前，触点在弹簧作用下接通，电动机开始启动。随着转速上升，附加绕组上便有与转速有关的电势增加，当达到一定数值后，便可吸开触点，使副绕组从电网上断开（ $n=78\%n_1$ 左右时继电器动作）。

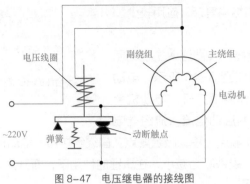

图 8-47　电压继电器的接线图

（3）动合按钮。动合按钮作为起动元件在电阻式起动电动机的应用，如图 8-48 所示。其原理是，将动合按钮串接电动机的副绕组电路中，电动机通电并按下动合按钮，此时副绕组接通。电动机启动后，松下动合按钮，副绕组电路失电而停止工作，电动机正常运转，靠主绕组单独完成。

（4）PTC 起动器。PTC 元件为正温度系数热敏电阻，它是掺入微量稀土元素，用特殊工艺制成的钛酸钡型半导体。PTC 启动继电器又称为无触点启动继电器，实际上就是正温度系数热敏电阻启动继电器，图 8-49 所示为 PTC 启动继电器的安装位置图。

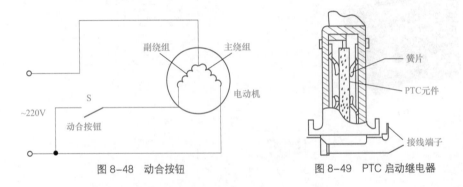

图 8-48　动合按钮　　　　　　　图 8-49　PTC 启动继电器

在实际应用中，PTC 启动继电器的连接线路图如图 8-50 所示。当电冰箱或空调器的压缩机刚开始启动时，PTC 启动继电器的温度较低，电阻值较小，在电路中呈通路状态。当启动电流增大到正常运行电流的 4～6 倍时，启动绕组中通过的电流很大，使压缩机产生很大的启动转矩。与此同时，大电流使元件温度迅速升高（一般为 100～140℃），其阻值急剧上升，通过的电流又下降到很小的稳定值，断开启动绕组，使压缩机进入正常运转状态。

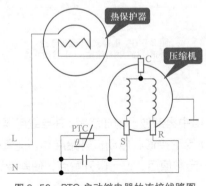

图 8-50　PTC 启动继电器的连接线路图

PTC 启动继电器结构简单，无触点和运动部件，故性能可靠。由于 PTC 元件的热惯性，每次启动后需隔 4 ~ 5min，等元件降温后才能再次启动。

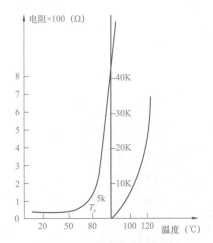

图 8-51 PTC 元件的温度特性

PTC 热敏电阻用于分相式电动机副绕组后，在启动初期，因 PTC 热敏电阻尚未发热，阻值很低，副绕组在通路状态下，电动机开始启动。随着转速上升，PTC 热敏电阻的温度超过 T_C，电阻剧增，副绕组相当于断开，但还有一个很小的维持电流，并有 2~3W 的功耗，使 PTC 热敏电阻的温度保持在 T_C 以上。当电动机停转以后，PTC 热敏电阻温度不断下降，2 ~ 3min 阻值降到 T_C 点之内，又可以重新启动。

（5）电容器。电容器是电容分相式单相异步电动机上的必须启动元件，通常情况下，在电容起动式单相异步电动机上配置一只电容器，在电容运转式单相异步电动机上配置一只运行电容器，在电容起动、运转式单相异步电动机上配置两只电容器。

1）运转电容器。运转电容器常采用纸介式电容器或油浸式电容器，这两种电容器只有两根引出线没有极性区别，其外形如图 8-52 所示。

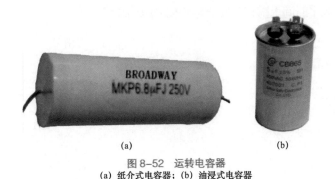

(a)   (b)

图 8-52 运转电容器
(a) 纸介式电容器；(b) 油浸式电容器

2）启动电容器。启动电容器常采用电解电容器，电解电容器的一个极板是由铝箔做成，另一个极板是由电糊状的电解液浸附在薄纸上而形成。电解电容器的介质是铝金属表面利用化学反应生成的一层极薄的氧化物薄膜。电解电容器由两个极板引出的接线均标有 " + "" - "极性。

电容器的容量单位是法拉，简称"法"，常用于 F 表示。另外还有微法 μF，$1F=10^6 μF$。单相电容电动机的电容量容量一般小于 150 μF。

电容器在单相电动机中比较常用，一般选用金属箔电容、金属化薄膜电容，交流耐压为 250～630V，表 8-2 列出了常见单相电动机的电容选配表。

表 8-2　　　　　　　　　　　　　常见单相电动机电容量选配表

电容启动	电动机（W）	120	180	250	370	550	750	1100	1500
	电容（μF）	75	75	100	100	150	200	300	400
电容运行	电动机（W）	16	25	40	60	90	120	180	250
	电容（μF）	2	2	2	4	4	4	6	8
双值电容	电动机（W）	250	370	550	750	1100	1500	2200	
	启动电容（μF）	75	75	75	75	100	200	300	
	运行电容（μF）	12	16	16	20	30	35	40	

53 单相异步电动机的原理

在三相异步电动机中曾讲到，向三相绕组通入三相对称交流电，则在定子与转子的气隙中会产生旋转磁场。当电源一相断开时，电动机就成了单相运行（也称为两相运行），气隙中产生的是脉动磁场。单相异步电动机工作绕组通入单相交流电时，产生的也是一个脉动磁场，脉动磁场如图 8-53（a）中分布，脉动磁场的磁通大小随电流瞬时值的变化而变化，但磁场的轴线空间位置不变，因此磁场不会旋转，当然也不会产生启动力矩。但这个磁场可以用矢量分解的方法分成两个大小相等（$B_1 = B_2$）、旋转方向相反的旋转磁场。从图 8-53（b）中看出。在 t_0 时刻 B_1、B_2 正处在反向位置，矢量合成为零；在 t_1 时刻 B_1 顺时针旋转 45°，B_2 逆时针旋转 45°，矢量合成为 $\sqrt{2}\,B_1$。在 t_2 时刻 B_1、B_2 又各转了 45°，相位一致，矢量合成为 $2B_1$…如此继续旋转下去，两个正、反向旋转的磁场就合成了时间上随正弦交流电变化的脉动脉场。

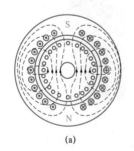
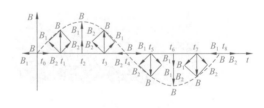

(a)　　　　　　　　　　　　　　　　　　　　(b)

图 8-53　单相脉动磁场及其分解
(a) 单相电动机工作绕组的脉动磁场；(b) 脉动磁场的分解

脉动磁场分解成两个大小相等（$B_1 = B_2$）、旋转方向相反的旋转磁场。这两个旋转磁场产生的转矩曲线如图 8-54 中的两条虚线所示。转矩曲线 T_1 是顺时针旋转磁场产生的，转矩曲线 T_2 是逆时针旋转磁场产生的。在 $n=0$ 处，两个力矩大小相等、方向相反，合力短 $T=0$，说明了缺相的三相异步电动机不会自行启动的原因；在 $n \neq 0$ 处，两个力矩大小不相等、方向相反，但合力矩

$T \neq 0$，从而也说明了运行中的三相异步电动机如缺相后仍会继续转动的原因。缺相运行的三相异步电动机工作的两相绕组可能会流过超出额定值的电流，时间稍长会过热损坏。从图 8-54 中还可以看出，转矩曲线 T_1 和 T_2 是以原点对称的，它们的合力矩 T 是用实线画的曲线。说明单相绕组产生的脉动磁场是没有启动力矩的，但启动后电动机就有力矩了，电动机正反向都可转，方向由所加外力方向决定。

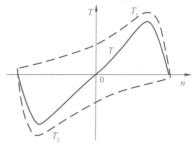

图 8-54　单相异步电动机的转矩特性

54　单相异步电动机的分类

为了获得单相电动机的启动转矩，通常在单相电动机定子上安装两套绕组，两套绕组的空间位置相差 90° 电角度。一套是工作绕组（或称主绕组），长期接通电源工作。另一套是启动绕组（或称为副绕组、辅助绕组），以产生启动转矩和固定电动机转向，根据启动方式的不同，就有了以下几种单相异步电动机。

单相异步电动机的种类较多，其分类如图 8-55 所示。

图 8-55　单相异步电动机的分类

55　单相电容运行异步电动机

单相电容运行异步电动机的定子铁芯上嵌放两套绕组，绕组的结构基本相同，空间位置上互差 90° 电角度，如图 8-56（a）所示。工作绕组 LZ 接近纯自感负载，其电流 I_{LZ} 相位落后电压接近 90°。启动绕组 LF 上串接电容器，合理选择电容值，使串联支路电流 I_{LF} 超前 I_{LZ} 约为 90°，绕组上电压、电流的相量如图 8-56（b）所示。通过电容器使两个支路电流的相位不同，所以也称为电容分相。流过两绕组的电流 I_{LZ}、I_{LF} 波形如图 8-57（a）所示，向空间位置上互差 90° 电角度的两相定子绕组通入相位上互差 90° 的电流，也会产生旋转磁场，从电流相位超前的绕组转向电流相位落后的绕组，如图 8-57（b）所示。所以单相异步电动机的旋转磁场产生条件如下。

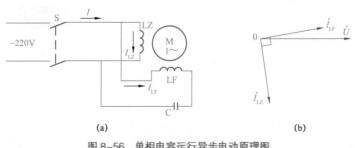

图 8-56　单相电容运行异步电动原理图
(a) 接线图；(b) 相量图

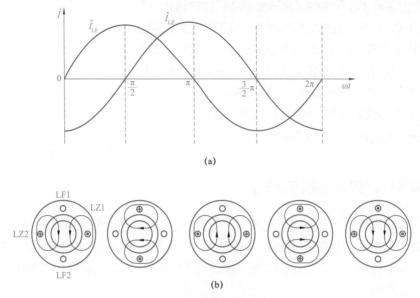

(a)

(b)

图 8-57　两相旋转磁场的产生
(a) 电流波形图；(b) 旋转磁场

（1）空间上有两个相差 90° 电角度的绕组；

（2）通入两绕组的电流在相位上相差 90°，两绕组产生的磁动势相等。

　　笼型转子在该旋转磁场作用下获得启动转矩而使电动机旋转，转子的转速总是小于旋转磁场的转速，所以称为单相异步电动机。

　　单相电容运行电动机结构简单，使用维护方便，堵转电流小，有较高的效率和功率因数；但启动转矩较小，多用于电风扇、吸尘器等。电风扇的电动机结构如图 8-58 所示。

专家提示

　　启动和运转过程，电容器和主、副绕组都接入电路，功率因数、效率、过载能力较其他单相电动机强，但启动转矩只有额定转矩的 35% ~ 60%，由于它的启动转矩较小，但运行性能优越，所以在启动转矩较小的家电中应用普遍，例如洗衣机、电风扇、水泵等。

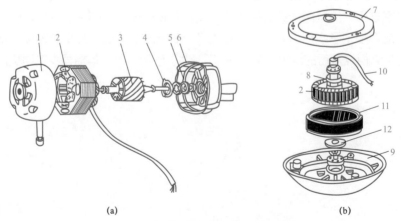

(a)　　　　　　　　　　　　　　　　(b)

图 8-58　电风扇的电容运行单相电动机结构图
(a) 台扇；(b) 吊扇
1—前端盖；2—定子；3—转子；4—轴承盖；5—油毡圈；6—后端盖；7—上端盖；8—挡油罩；
9—下端盖；10—引出线；11—外转子；12—挡油罩

56 单相电容启动异步电动机

单相电容启动异步电动机的结构与单相电容运行异步电动机相类似，但电容启动异步电动机的启动绕组中又串联一个启动开关 S，如图 8-59 所示。当电动机转子静止或转速较低时，启动开关 S 处于接通位置，启动绕组和工作绕组一起接在单相电源上，获得启动转矩。当电动机转速达到 80% 左右的额定转速时，启动开关 S 断开，启动绕组从电源上切除，此时单靠工作绕组已有较大转矩，拖动负载运行。由于启动绕组只在启动阶段接入电源，设计时将启动绕组的电流密度设计得比较高，达 30 ~ 50A/mm^2，大大超过载作绕组的 4 ~ 8A/mm^2。

电容启动电动机具有较大启动转矩（一般为额定转矩的 1.5 ~ 3.5 倍），但启动电流相应增大，适用于重载启动的机械，例如小型空压机、洗衣机、空调机等。

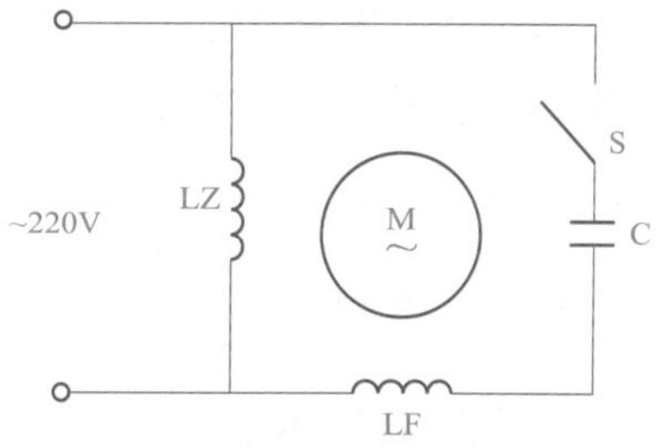

图 8-59 单相电容启动异步电动机电路

专家提示

电动机刚通电时，离心开关是闭合的，有电流通过主、副绕组和启动电容器，电动机转动。由于启动电容器容量较大（一般为 150 ~ 250μF），所以流过副绕组的电流较大，启动转矩也较大，当转速达到额定转速的 75% ~ 80% 时，离心开关在离心力作用下断开，副绕组处于断路状态，不参与运转（否则，副绕组容易烧毁），该电动机启动转矩大，运行性能略逊于电容运转式电动机，常用于启动负荷较大的场合，如空压机、磨粉机等。

57 单相电阻分相启动电动机

单相电阻启动电动机的结构与单相电容启动异步电动机相似，其电路如图 8-60 所示。工作绕组 LZ 匝数多、导线较粗，可近似看成纯电感负载。启动绕组 LF 导线较细，又串有启动电阻 R，可近似看成纯电阻性负载，通过电阻来分开两个支路电流的相位，所以也称电阻分相。启动时两个绕组同时工作，当转速达到 80% 左右的额定值时，启动开关断开，启动绕组从电源上切除。实际上许多电动机的启动绕组没有串联电阻 *R*，而是设法增加导线电阻，从而使启动绕组本身就有较大的电阻。

单相电阻启动电动机与前两种电动机比较，节约了启动电容，具有中等启动转矩（一般为额定转矩的 1.2 ~ 2 倍），但启动电流较大。它在电冰箱压缩机中得到广泛的应用。

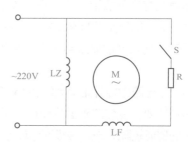

图 8-60 单相电阻启动电动机电路

专家提示

其启动过程与电容启动式电动机相同，启动转矩为额定转矩的 1 ~ 1.5 倍，该电动机适用于中等启动转矩和过载能力小且启动不太频繁的场合，如鼓风机、医疗器材、小型冰箱压缩机等。

58 双值电容单相异步电动机

双值电容单相异步电动机电路如图 8-61 所示，C1 为启动电容，容量较大。C2 为工作电容，容量较小。两只电容并联后与启动绕组串联，启动时两只电容器都工作，电动机有较大启动转矩，转速上升到 80% 左右额定转速后，启动开关将启动电容 C1 断开，启动绕组上只串联工作电容 C2，电容量减少。因此双值电容电动机既有较大的启动转矩（为额定转矩的 2 ~ 2.5 倍），又有较高的效率和功率因数。它广泛地应用于小型机床设备。

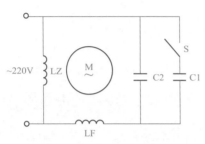

图 8-61　双值电容异步电动机电路图

专家提示

刚通电时，离心开关是闭合的，有电流流过 C1、C2 和主、副绕组，转子转动。当转速达到额定值的 75% ~ 80% 时，开关断开，C2 不接入电路，此时的电动机就和电容运转式电动机一样，这类电动机启动转矩大、性能好，集电容启动式和电容运转式电动机的优点于一身，常用于启动负荷较大的场合。

59　单相罩极式异步电动机

罩极式异步电动机旋转磁场的产生与上述电动机不同。先来了解一下凸极式罩极电动机的结构，如图 8-62 所示。电动机定子铁芯通常由厚 0.5mm 的硅钢片叠压而成，每个磁极极面的 1/3 处开有小槽，在极柱上套上铜制的短路环，就好像把这部分磁极罩起来一样，所以称罩极式电动机。励磁绕组套在整个磁极上，必须正确连接，以使其上下刚好产生一对磁极。如果是四极电动机，则磁极极性应按 N、S、N、S 的顺序排列。当励磁绕组内通入单相交流电时，磁场变化如下。

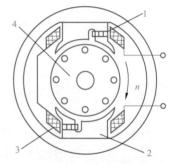

图 8-62　凸极式分相罩极电动机的结构
1—短路环；2—凸极式定子铁芯；
3—定子绕组；4—转子

（1）当电流由零开始增大时，则电流产生的磁通也随之增大，但在被铜环罩住的一部分磁极中，根据楞次定律，变化的磁通将在铜环中产生感应电动势和电流，并阻止磁通的增加，从而使被罩磁极中的磁通较疏，未罩磁极部分磁通较密，如图 8-63（a）所示。

（2）当电流达到最大值时，电流的变化率近似为零，电流产生的磁通虽然最大，但基本不变。这时铜环中基本没有感应电流产生，铜环对整个磁极的磁场无影响，因而整个磁极中的磁通均匀分布，如图 8-63（b）所示。

（3）当电流由最大值下降时，则电流产生的磁通也随之下降，铜环中又有感应电流产生，以阻止被罩磁极部分中磁通的减小，因而被罩部分磁通较密，未罩部分磁通较疏，如图 8-63（c）所示。

从以上分析可以看出，罩极电动机磁极的磁通分布在空间上是移动的，由未罩部分向被罩部分移动，好似旋转磁场一样，从而使笼型结构的转子获得启动转矩，并且也决定了电动机的转向是由未罩部分向被罩部分旋转。其转向是由定子的内部结构决定的，改变电源接线不能改变电动机的转向。

罩极电动机的主要优点是结构简单、制造方便、成本低、运行时噪声小、维护方便。按磁极

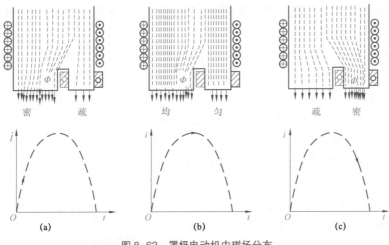

图 8–63 罩极电动机中磁场分布
(a) 电流增加时；(b) 电流近于不变时；(c) 电流减少时

形式的不同，可分为凸极式和隐极式两种，其中凸极式结构较为常见。罩极电动机的主要缺点是启动性能及运行性能较差，效率和功率因数都较低，方向不能改变。主要用于小功率空载启动的场合，如计算机后面的散热风扇、各种仪表风扇、电唱机等。

第 9 节 单相异步电动机的常见故障检修技巧

单相异步电动机的检修与三相异步电动机相似，主要检查电动机通电后是否转动，转速是否正常，温升是否过高，有无异常响声或振动，有无焦臭味等。单相异步电动机故障有电磁方面和机械方面，检修时应根据故障现象分析其故障的可能原因，通过检测判断找出故障点予以修复。

单相异步电动机由于其特殊性，故检修时，除采用类似三相异步电动机的方法外，还要注意不同之处，如起动装置故障、辅助绕组故障、电容故障及气隙过小引起的故障等。根据单相异步电动机的结构和工作原理，单相绕组由于建立的是脉振磁场，电动机没有起动转矩，需要增加辅助绕组（有分相式和罩极式），以帮助电动机起动或运行，因此当单相异步电动机的辅助绕组回路出现故障时，就可能出现不能起动、转向不定、转速偏低、过热等故障现象，检修时对其影响应有一定的认识。

60 通电后电动机不能启动但也无任何声响现象

（1）检查电源电压是否正常。电源电压不足或缺失，会使电动机转矩降低或无转矩而无法转动。检测方法是，打开接线盒测量电源线电压是否有 220V。若无电压或电压较低，则检查电源开关、供电线路及配电柜中是否有导线脱落、接触不良的情况。

（2）检查主、副绕组是否断路。电源电压正常时，应主要检查主、副绕组是否断路。由于副绕组电路的元件较多且有些电动机副绕组线径较细，发生断路现象较多。

> **专家提示**
>
> 合上电动机电源开关后，若电动机没有转动或声响现象，应首先检查电网电压是否正常，可检查照明、电视等是否工作，若这些电器都不工作，则表明电网无电。

1）检查副绕组电路是否断路。由于串入副绕组电路的启动元件是易损件，应首先对其检查，然后检查副绕组。检查方法如下。

首先用导线短接启动元件的触点接线点，接通电源后，若电动机立即转动，则表明启动元件损坏，应予以更换。若接通电源后电动机仍不能转动，则表明电容器损坏或绕组断路。此时将电容器更换，若电动机能够转动，则表明原电容器损坏。若更换电容器后，电动机仍不转动，则表明副绕组断路，应拆机检查副绕组的断路点并加以修复即可。

2）主绕组断路。若通电后电动机不转也无伴有声响现象，可使用万用表或测试灯检查主绕组是否断路，若有应查出断路处并修复。再次通电后，若电动机正常运转则说明电动机正常，若有"嗡嗡"声或不能运转，则表明副绕组断路。

（3）检查绕组是否短路或接错错误。若绕组短路或接错，会导致电动机转矩不足而无法启动电动机。

（4）检查转子是否发生断条现象。若电动机绕组正常，装配得当、电容器等附件无故障，则说明转子断条，当转子断条较多会导致电动机无法启动。

> **专家提示**
>
> 电动机转子断条数占整个转子槽数的 15%时，电动机不能正常启动。即使可以启动但加上负载后就不能启动或转速下降或不稳并伴有"嗡嗡"声，这时电动机抖动得厉害、转子起热，且有断裂处产生火花。

61 通电后电动机不能启动但有"嗡嗡"声

电动机有"嗡嗡"声但不能转动则表明电路已上电，但由于转子力矩不足或阻力过大而导致电动机无法转动。其故障原因如下。

（1）电源电压过低。由于电源电压过低，通入绕组的电流减小而产生的磁场较弱，因转矩较小而不能转动。

（2）负载过大。负载过大会引起负载扭矩增加，电动机正常工作扭矩不能克服负载扭矩而导致电动机转动缓慢或无法转动并伴有"嗡嗡"声。同时，应切断电源，检查负载过大的原因并修复。

单相电动机启动时，需要启动元件参与才能启动成功。若启动元件（如电容器）损坏或启动元件接线不良，等于启动元件未参与工作，电动机是不会转动的。

电容器容量不足时会导致电动机启动扭矩小，空载时可启动，但负载时不能启动。电容器断路时，电动机不能启动，但用手按电动机正常转动方向转动时，电动机可以启动。

> **专家提示**
>
> 电容器是单相电动机的常见元件，其性能好坏对电动机启动影响较大，故电容器的检修意义重大。电容器的检修方法如下。

（3）电动机发生机械性故障。电动机发生机械性故障时，产生的阻碍扭矩较大，电动机正常工作扭矩不能克服而无法转动。

（4）电动机转子断条。可参考"60 通电后电动机不能启动但也无任何声响现象"的相关内容。

（5）电动机绕组接线错误。电动机主、副绕组接错或绕组与中线接错，有时电动机有时有扭矩输出，但不能负载运行，可以空转。

（6）绕组短路。绕组短路时，会使通过绕组中的电流减小，产生的磁场强度变小，而扭矩变小不能带动负载转动，有时可以空载转动。

（7）主、副绕组中有一个断路点。主、副绕组中若有一个断路点，在电路中只存在主绕组或副绕组，实际上，单独主绕组或副绕组是无法工作的，但接通电源后用手按电动机正常转动方向用力转动，电动机可缓慢运行，但负载时电动机无法转动。

62 电动机转速低于正常值

电动机转速低于正常值一方面是由于通入线圈的电流减小产生磁场较弱，不能达到电动机正常工作的扭矩，另一方面是由于电动机负载较重或机械故障，产生的阻力较大。某些电动机启动后副绕组未脱开，会使电动机电流增大并有噪声。引起电动机转速低于正常值的原因有以下几点。

（1）主绕组短路。一般用直接观察法或电阻法检查。查出后，在短路处施加绝缘材料或重绕线圈。

（2）离心开关断不开。查出故障点后，将触头用细砂布磨光，再对离心开关进行调整。

（3）轴承损坏。多是由于轴承润滑不良或磨损造成的。查出后，清洗轴承，并加油（脂）或更换新轴承。

（4）主绕组中有接线错误。用指南针法检查。在主绕组中通入低压电流电，手拿指南针沿定子内圆移动，正常情况下，指南针每经过一个极相组时南北极会顺次交替变化。若在一个极相组中有个别线圈接线错误，指南针指向也是交替变化的。主绕组中的接线错误，查出后应立即改正。

63 电动机启动后很快发热，甚至烧毁

电动机正常工作时，是允许一定的温度升高，但不会过高，只有当发动机发生故障时，才会发热甚至烧毁。造成电动机过热的原因有以下几点。

（1）电源电压过低或过高。

（2）主、副绕组短路。一般用直接观察法或电阻法检查。查出短路处施加绝缘材料或重绕线圈。

（3）主、副绕组相互接错。用万用表电阻挡测量主、副绕组电阻值，与原电阻值相比较，以确定有无主、副绕组的线圈相互接错。查出故障点后予以修复。

（4）过负载运行。负载过大会引起负载扭矩增加而产生热量，由于产热量大于散热量，最终导致电动机过热。

（5）轴承太紧或松动。若轴承过紧会增加转动阻力，轴承过松可使转子偏心或扫膛，都会造成运行阻力增加，最终使电动机过载运行而过热。

（6）电动机轴弯曲而扫膛。电动机轴弯曲后与定子铁芯相摩擦，并产生较大热量来不及散热而使发动机温度升高。

（7）电动机散热不良。电动机正常工作时应产生热量，若电动机工作环境温度过高、通风不良、电动机内、外灰尘较多等，也会使发动机温度过高。

（8）电动机端盖装配不良。电动机端盖装配导致端盖与机芯端面不平行而产生一定的偏心扭矩。导致轴承钢珠与轨道的压力增大，工作时间已久会造成电动机升温。由此原因引起的过热故障时，可手触摸端盖有炽热的感觉。检查方法是：用手转动电动机转子而感到阻力很大，有时根本转不动。

专家提示

安装端盖时，应用木锤或橡皮锤轻敲端盖周围，并用手转动电动机轴感觉转动灵活时，将端盖螺母对称拧紧。拧螺母或螺栓时也应随时转动电动机轴，直到拧紧螺母或螺栓时转子仍灵活为准。

64 电动机运转时噪声较大或震动

电动机运转时噪声较大或震动现象与机械部分和电气部分都有关系。常见故障原因有以下几点。

（1）主、副绕组短路或接地。

（2）轴承或离心开关损坏。

（3）轴承座与轴承外圈配合间隙过大。

（4）转轴轴向窜动幅度过大。

（5）杂物进入电动机内部。

65 合上电动机电源开关后，空气开关跳闸

合上电源开关后空气开关跳闸，则说明电动机绕组和线路严重接地。应检查接地点所处位置并进行绝缘处理。

（1）主、副绕组短路或接地。主、副绕组短路或接地时，通过绕组的电流会增加很多，当电流增加到空气开关的额定电流时会发生跳闸现象。

（2）引接线接地。

（3）电容器击穿短路。

66 触摸电动机外壳，有触电麻手的感觉

电动机通电后，由手触摸电动机外壳，有触电麻手的感觉，用验电笔测量外壳，显示灯亮，则表明外壳带电或漏电。其原因如下。

（1）主、副绕组接地。

（2）引线或接线头接地。

（3）绝缘受潮而漏电。

（4）绝缘老化。

67 单相异步电动机故障速查

单相异步电动机故障速查见表 8-3。

表 8-3　　　　　　　　　　　　　单相异步电动机故障速查

故障现象	产生原因	检修方法
1.通电后电动机不启动，也无任何声响现象	电源电压不正常	检查电源供电
	引接线断路	用万用表查出后，更换引接线
	主、副绕组断路	用万用表查出后，接好断路处，并施好绝缘材料
	接线错误	正确接线
	离心开关触点合不上	更换弹簧，并调速离心开关

故障现象	产生原因	检修方法
1. 通电后电动机不启动，也无任何声响现象	电容器损坏	用万用表查出后，更换
	轴承损坏	更换轴承
	电动机过载	减载运行
	定转子相碰	更换轴承或校轴
	转子断条	修理可更换
2. 通电后电动机不能启动但有"嗡嗡"声	电源电压过低	检查电源供电
	负载过大	减负运行
	启动元件异常	修复或改变
	启动元件未正常接入电路	检查断路点并修复
	绕组短路	找出短路点并修复
	转子断条	查出断裂点并焊接
	电动机绕组接线错误	正确接线
	主、副绕组有一个断路点	找出断路点并修复
3. 电动机转速低于正常值	主绕组短路	用直接观察法或电阻法查出后，在短路点施加绝缘材料
	离心开关断不开	用细砂布磨光触头，并调整离心开关
	轴承损坏	更换轴承
	主绕组有接线错误	用指南针法查出后，立即改正
4. 启动后电动机很快发热，甚至烧毁	主绕组接地	用绝缘电阻表查出后，在接地点施加绝缘材料
	主、副绕组短路	找出短路点并修复
	离心开关断不开	打磨触点并调速离合开关
	主、副绕组相互接错	用万用表查出后，立即改正
	过载运行	减负运行
	轴承过紧或松动	修复或更换
	电动机轴弯曲而扫膛	校正或更换
	电动机散热不良	改善散热条件
	电动机端盖装配不良	重新装配
5. 电动机运转时噪声过大或震动	主、副绕组短路或接地	找出短路或接地点进行绝缘处理
	轴承或离心开关损坏	修复或更换
	转轴轴向窜动幅度过大	修复或更换
6. 合上电源开关后空气开关跳闸	主、副绕组短路或接地	找出短路或接地点进行绝缘处理
	引接线接地	找出接地引线进行绝缘
	电容器击穿	予以更换
7. 触摸电动机外壳，有触电麻手的感觉	绕组接地	查找故障点进行修复
	引线接接线头接地	更换引线重接或进行绝缘处理
	绝缘受潮漏电	烘干处理
	绝缘老化	更换绕组

68 单相异步电动机电容器的故障检查技巧

电容器是否正常，直接影响电动机的正常启动，因此对电容器进行以下检查。

（1）以电解电容器为例，取下电容器，把万用表旋至电阻"$R \times 1k$"挡，用一只表笔触及电容器的两只脚，让它放电。

（2）再将两支表笔分别触及电容器的两只脚，若万用表的指针突然向电阻小的方向快速摆动，之后又回到无穷大位置，则表明电容器正常。

（3）若表指针快速归零后，不再反弹（电阻值为零），则表明电容器已击穿短路而不能再用。

（4）若表指针归零后又回到表盘中间某位置，则表明电容器的容量不足。若将该电容接入电动机中，使用时间不会很长。

（5）若表指针在归零过程中，停下来不再动，表明电容器严重漏电，此时用万用表的电阻挡"$R \times 1k$"，将一表笔触及电容器外壳，另一表笔接电容器的两只脚，若正常应显示为几十兆欧，若阻值较小，肯定绝缘不良。若表针指向零不动，表明电容器接地应予以更换。

（6）若表指针不动，表示电容器已断路，需更换。

电动机电容器外形如图 8-64 所示。

图 8-64　电动机电容器外形

利用电容器的放电过程，来验证电容器自身的性能，方便快捷。检查电容器时，要认真仔细，因为有些现象与显示一瞬即逝。

69 单相异步电动机离心开关的检查技巧

离心开关是电动机的主要启动部件，也是出现故障最多的元件。检查方法是：断开电源，打开电动机的接线盒，选择万用表电阻挡，将两只表笔分别触及离心开关的两个接线柱进行以下检测。

（1）若万用表指针指向无穷大，则表明离心开关断路，主要检查触头是否烧坏脱落，机构是否卡死、触头绝缘板是否断裂等。

（2）若万用表指针指示很大，表明离心开关接触不良，大多数是由于触头烧熔引起的。

（3）若万用表指针指示较小，表明离心开关闭合，是正常表现。

单相异步电动机离心开关如图 8-65 所示。

通电启动后，若电动机仍不能达到额定转速，则表明电动机的离心开关可能有短路现象，应检查电动机是否过载和电压是否正常，若两项指标都正常，则表明离心开关短路。

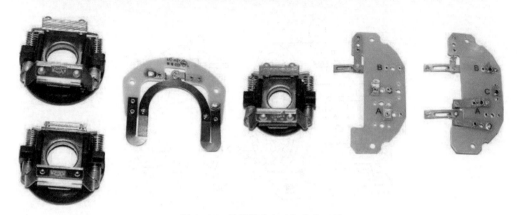

图 8-65　单相异步电动机离心开关

第 10 节　直流电动机的结构、原理和故障检修技巧

直流电动机既可作直流电动机用，也可作直流发电动机用，它广泛应用于转速较高、启动性能好、调速要求精密的仪器中。目前直流电动机在电动自行车上的应用也较广泛。

70　直流电动机的结构

直流电动机由两大部分组成，定子和电枢，如图 8-66 所示。

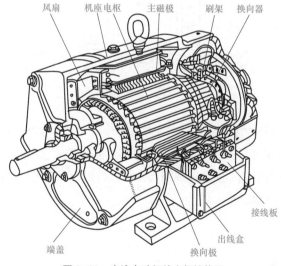

图 8-66　直流电动机的内部结构图

（1）定子部分的识读技巧。定子部分包括机座、主磁极、换向极、端盖、电刷装置等。

1）机座。机座又称电动机外壳，如图 8-67 所示，机座一方面作为电动机磁路的一部分。另一方面则在其上安装主磁极、换向极，并通过端盖支撑转子部分。机座通常为铸钢件经机械加工而成，也有采用钢板焊接而成，或直接用无缝钢管加工而成。

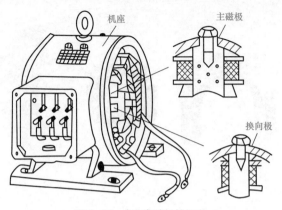

图 8-67　直流电动机的机座

2）主磁极。如图 8-68 所示，它由主磁极铁芯和励磁绕组组成，用于产生主磁场。主磁极铁芯是用 1 ~ 2mm 钢板冲制后叠装而成，主磁极绕组是用电磁线（小型电动机）或扁铜线（大、中型电动机）绕制而成。

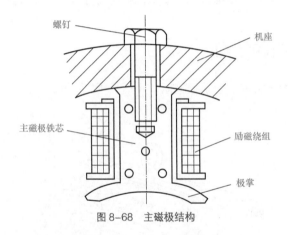

图 8-68　主磁极结构

3）换向极。换向器又称整流子如图 8-69 所示，换向极是位于两个主磁极之间的小磁极，又称附加极。用以产生换向磁场，以减小电流换向时产生的火花，它由换向极铁芯和换向极绕组组成。换向极铁芯是由整块钢制成，换向极绕组与主磁极绕组一样，也是用铜线或扁铜线绕制而成，并经绝缘处理，固定在换向极铁芯上。

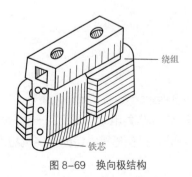

图 8-69　换向极结构

专 家 提 示

　　换向极绕组一般都与电枢绕组相串联，并且安装在两个相邻主磁极间的中性线上。

4）端盖。端盖用以安装轴承和支撑电枢，一般均为铸钢件。

5）电刷装置。如图 8-70 所示，电刷装置通过电刷与换向器表面的滑动接触，把电枢中的电动势（电流）引出或将外电路电压（电流）引入电枢。电刷装置一般由电刷、刷握、刷杆、刷杆座等部分组成，电刷一般用石墨粉压制而成。

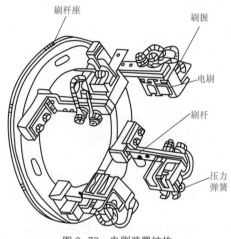

图 8-70　电刷装置结构

（2）电枢部分的识读技巧。如图 8-71 所示，电枢部分包括转轴、电枢铁芯、电枢绕组、换向器和风扇等。

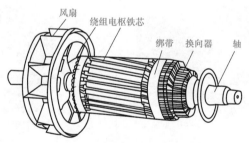

图 8-71　直流电动机的电枢

1）电枢铁芯。电枢铁芯的主要作用是导磁和嵌放电枢绕组。电枢铁芯一般由厚 0.5mm 的硅钢片叠压而成，片间均匀喷涂绝缘漆。

2）电枢绕组。电枢绕组的作用是：作发电动机使用时，产生感应电动势，作电动机使用时，通电受力产生电磁转矩，它由圆形或矩形绝缘导线按一定规律绕制而成。

3）换向器。换向器作用是：作发电动机使用时，将电枢绕组中的交流电动势和电流转换成电刷间的直流电压和电流输出，作电动机使用时，将外加在电刷间的直流电压和电流转换成电枢绕组中的交流电压和电流，换向器的主要组成部分是换向片和片母片，其结构形式如图 8-72 所示。

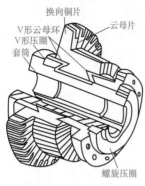

换向器由许多楔形铜片间隔 0.4 ~ 1.0mm 厚的云母片绝缘组装而成的圆柱体，每片换向片的一端有高出的部分，上面铣有线槽供线圈引出端焊接用。

图 8-72　换向器结构

4）转轴。转轴用来传递转矩。为了使电动机能可靠地运行，转轴一般用合金钢锻压加工而成。

5）风扇。风扇用来散热，降低电动机运行中的温升。

71 直流电动机的原理

直流电动机工作时，线圈和换向器转动，而铁芯、磁钢和电刷不转，工作原理如图 8-73 所示。

通电导线在磁场中运动将受到磁场力的作用，导线受力方向可由左手定则来判定：伸开左手，大拇指与其余四指垂直，让手心垂直迎向磁力线，四指指向电流方向，那么大拇指所指的方向就是导线在磁场中的受力方向。

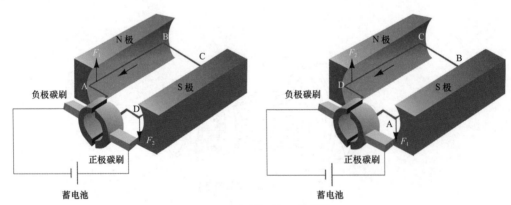

图 8-73　有刷电动机工作原理

当线圈转动到如图 8-73 所示的位置时，电动机内、外电路的电流流动方向是：蓄电池正极→正极电刷→换向片→线圈（按 D、C、B、A 方向）→另一换向片→负极电刷，最后回到蓄电池负极形成闭合回路。根据左手定则可知，导线 AB 的受力 F_1 方向向上，BC 和 AD 导线不受力，导致 CD 的受力 F_2 方向向下，并且 F_1 与 F_2 受力大小相等，方向相反，所以，整个线圈受到顺时针方向的转矩作用而转动。

当线圈转动到线圈平面与磁力线方向垂直位置时，磁场对通电线圈不产生力的作用。但由于惯性作用，可以使线圈通过无作用力这一盲点。

当线圈转动到如图 8-73 所示位置时,线圈中的电流方向与所示电流方向相反（A、B、C、D），线圈所受到的转矩作用仍按顺时针方向转动。这样当蓄电池连续对电动机供电时，电枢绕组就会按一定方向不停地转动。

一个线圈在磁场中产生的转矩很小，并且转速也不平稳。因此，要使电动机达到较大的转矩，实现起动的目的，电枢绕组就需采用多匝线圈，换向片的数量也要成比例增加。

72 直流电动机铭牌

铭牌是电动机的主要标志,铭牌上标明了电动机的重要数据,便于用户正确选择和使用电动机。直流电动机铭牌如图 8-74 所示。

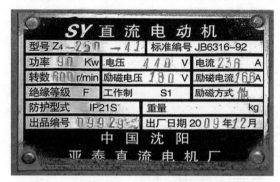

图 8-74 直流电动机铭牌

（1）型号。型号是指电动机的类型、系列及产品代号，常用字母和数字表示，如 Z2-11，其中含义为如图 8-75 所示。

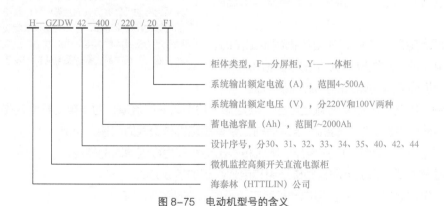

图 8-75 电动机型号的含义

直流电动机常用字符代号对照表见表 8-4。

表 8-4 直流电动机常用字符代号对照表

型号	名称	型号	名称
Z	直流电动机	ZYJ	减速永磁直流电动机
ZK	高速直流电动机	ZYY	石油井下用永磁直流电动机

型号	名称	型号	名称
ZYF	幅压直流电动机	ZJZ	静止整流电源供电直流电动机
ZY	永磁（铝镍钴）直流电动机	ZJ	精密机床用直流电动机
ZTD	电梯用直流电动机	ZKJ	矿井卷扬机直流电动机
ZU	龙门刨床用直流电动机	ZG	辊道用直流电动机
ZKY	空气压缩机用直流电动机	ZZ	轧机主传动直流电动机
ZWJ	挖掘机用直流电动机	ZZF	轧机辅传动直流电动机
ZYT	永磁（铁氧体）直流电动机	ZDC	电铲用起重直流电动机
ZYW	稳速永磁（铝镍钴）直流电动机	ZZJ	冶金起重直流电动机
ZTW	稳速永磁（铁氧体）直流电动机	ZZT	轴流式直流通风电动机
ZW	无槽直流电动机	ZDZY	正压型直流电动机
ZT	广调直流电动机	ZA	增安型直流电动机
ZLT	他励直流电动机	ZB	防暴型直流电动机
ZLB	并励直流电动机	ZM	脉冲直流电动机
ZLC	串励直流电动机	ZS	试验用直流电动机
ZLF	复励直流电动机	ZL	录音机永磁直流电动机
ZWH	无换向器直流电动机	ZCL	电唱机永磁直流电动机
ZX	空心杯直流电动机	ZW	玩具直流电动机
ZN	印制绕组直流电动机	FZ	纺织用直流电动机

（2）额定功率（W 或 kW）。表示电动机按规定的方式额定工作时所能输出的功率。对发电动机而言是指输出的电动率；对电动机而言是指输出的机械功率。

（3）额定电压（V）。指在电动机额定工作时，出线端的电压值。对发电动机而言是指输出的端电压。对电动机而言是指输入的直流电源电压。

专家提示

额定功率的选择是电动机选择的核心内容，关系到电动机机械负载的合理匹配以及电动机运行的可靠性和使用寿命，选择电动机额定功率时，需要考虑的主要问题有电动机的发热、过载能力和启动性能等，其中最主要的是电动机的发热问题。

（4）额定电流（A）。对应额定电压、额定输出功率时的电流值。对发电动机而言是指带有额定负载时的输出电流。对电动机而言是指轴上带有额定机械负载时的输入电流。

（5）额定转速（r/min）。指电压、电流和输出功率都为额定值时的转速。

（6）励磁方式。直流电动机励磁绕组和电枢绕组的接线方式。

（7）额定励磁电压（V）。指电动机额定运行时所需要的励磁电压。

（8）额定励磁电流（A）。指电动机额定运行时所需要的励磁电流。

（9）定额。指电动机按铭牌值工作时可以持续运行的时间和顺序。电动机定额分连续定额、短时定额和断续定额三种，分别用 S1、S2、S3 表示。

1）连续定额（S1）表示电动机按铭牌值工作时可以长期连续运行。

2）短时定额（S2）表示电动机只能在规定的时间内短期运行。国家标准规定的短时运行时间有 10、30 、60 min 及 90 min 四种。

3）断续额上额（S3）表示电动机运行一段时间后，就停止一段时间，周而复始地按一定周期重复运行。每周期为 10min，国家标准规定的负载持续率有 15%、25%、40% 及 60% 四种（如标明 40% 表示电动机工作 4min、休息 6min）。

（10）温升。指电动机各发热部分温度与周围冷却介质温度的差值。

（11）绝缘等级。表示电动机各绝缘部分所用绝缘材料的等级，绝缘材料按耐热性能可分为七个等级，见表 8-5。目前，电动机使用的绝缘材料等级为 B、F、H、C 四个等级。

表 8-5 绝缘材料耐热性能等级

绝缘等级	Y	A	E	B	F	H	C
最高允许温度（℃）	90	105	120	130	155	180	大于 180

第 11 节　直流电动机常见故障及处理方法

73 电动机无法启动的检测技巧

电动机无法启动的故障原因和处理方法如下。

（1）电源电路不通。应检查电动机出线端是否正确，电刷与换向器表面接触是否良好，熔丝是否完好，启动设备是否完好。

（2）启动时过载。应减小电动机所带的负载。

（3）励磁回路断开。应检查磁场变阻器及励磁绕组是否断路。

（4）启动电流太小。应检查电源电压是否太低，检查启动变阻器是否合适，电阻是否太大。

74 电动机转速不正常的检测技巧

电动机转速不正常的故障原因和处理方法如下。

（1）并励绕组接线不良或断开。应励磁电流很小或为零，使电动机转速大增，应找出故障点予以排除。

（2）串励电动机轻载或空载运行。

（3）电刷位置不对。应增加电动机的负载。应调整电刷位置，需正反转的电动机电刷位置应位于几何中性线处。

（4）主磁极与电枢之间的空气隙不相等。应检查各磁极的空气隙并加以调整，使各磁极的空气隙相等。

（5）个别电枢绕组短路。应检修电枢绕组。

75 电刷下火花过大的检测技巧

电刷下火花过大的故障原因和处理方法如下。

（1）电刷与换向器接触不良。应研磨电刷与换向器接触面，并在轻载下运行约一小时。

（2）刷握松动或安装位置不正确。应紧固或重新调整刷握位置。

（3）电刷磨损过短。应更换同型号的新电刷。

（4）电刷压力大小不当或不均匀。应用弹簧秤校正电刷压力为 14.7 ~ 24.5kPa。

（5）换向器表面不光洁、有污垢，换向器上云母突出。应清洁和修理换向器。

（6）电动机过载。应减小负载。

（7）换向极绕组部分短路。应检修绝缘损坏处。

（8）换向极绕组绕组接反。应用指南针检查极性后改正接法。

（9）电枢绕组有断路或短路故障。应修理电枢绕组。

（10）电枢绕组与换向片之间脱焊。应查出故障点，重新焊接。

76 电动机温升过高的检测技巧

电动机温升过高的故障原因和处理方法如下。

（1）长期过载。应降低电动机所带负载。

（2）未按规定运行。应必须按铭牌上的"定额"运行，"短时""断续"运行的电动机不能作长期运行。

（3）通风不良。应检查电动机本身所带的风扇是否正常、完好，检查通风道。

77 电枢过热的检测技巧

电枢过热的故障原因和处理方法如下。

（1）长期过载或负载短路。应恢复正常负载。

（2）电枢绕组或换向器有短路现象。应用毫伏表检查电枢绕组是否有短路，观是否有金属屑或电刷碳粉将换向器短路。

（3）电动机磁极与电枢铁芯间的气隙相差过大，造成各并联支路电流不平衡。应检查并调整空气隙。

（4）定子、转子相擦。应检查定子铁芯是否松动，轴承是否磨损。

（5）端电压过低。应恢复端电压至额定值。

78 磁极绕组过热的检测技巧

磁极绕组过热的故障原因和处理方法如下。

（1）并励绕组部分短路。应用电桥测量每个磁极绕组，找出电阻值的绕组，也可用其他仪器或用手摸、观察等发故障的磁极。

（2）电动机端电压过高。应降低端电压至额定值。

（3）串励绕组因负载电流长期过载。应降低电动机所带负载。

79 电动机振动的检测技巧

电动机振动的故障原因和处理方法如下。

（1）电枢平衡未校好。应重新校平衡。

（2）检修时风叶装错位置或平衡块移动。应调整风叶位置，重新校平衡。

（3）转轴变形。应修理或更换转轴甚至整个电枢。

（4）联轴器未校正。应重新校正，使两轴成一直线。

（5）地基不平或地脚螺栓不紧。应调整、合乎要求。

80 机壳带电的检测技巧

机壳带电的故障原因和处理方法如下。

（1）电动机受潮后绝缘电阻下降。应进行烘干处理或重新浸漆处理。

（2）电动机绝缘老化。应拆除，重新进行绝缘处理。

（3）引出线碰壳。应进行绝缘包扎处理，消除碰壳处。

（4）电刷灰或其他灰尘的累积。应定期进行清理。

第9章

室内配电和照明装置的安装技巧

第1节　照明开关和插座的安装技巧

1　跷板式开关

　　跷板式开关应与配套的开关盒进行安装。常用的跷板式塑料开关盒的外形如图9-1（a）所示。开关接线时，应使开关切断相线，并应根据跷板式开关的跷板或面板上的标志确定面板的装置方向，即装成跷板下部按下时，开关处在合闸的位置如图9-1（b）所示。装成跷板上部按下时，开关应处在断开位置，如图9-1（c）所示。

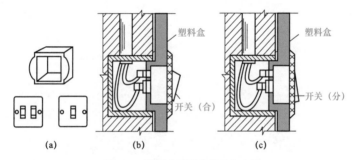

图9-1　跷板式开关的外形和安装
(a) 外形；(b) 开关处在合闸位置；(c) 开关处在断开位置

2　声光双控照明楼梯延时灯开关

　　声光双控照明延时灯目前广泛用于楼梯、走廊照明。电灯白天自动关闭。夜间有人走动时，其脚步声或谈话声可使电灯自动点亮，延时30s左右，电灯又会自行熄灭。该照明灯有两个显著特点。一是电灯点亮时为软启动，点亮后为半波交流电，可以大大延长灯泡的使用寿命。二是自身灯光照射在开关的光敏电阻上不会发生自行关灯现象。一般的脚步声就能使电灯点亮发光。灯泡宜用60W以下的白炽灯泡。

　　声光双控照明楼梯延时灯开关一般安装在走廊的墙壁上或楼梯正面的墙壁上，要与所控制的电灯就近安装，如图9-2所示。安装时将开关固定到预埋在墙内的接线盒内，开关盖板应端正且紧贴墙面。该开关对外只有两根引出线，与要控制的电灯串联后接入220V交流电即可。

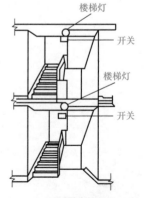

图9-2　声光双控照明延时灯开关的安装位置

3 插座

插座应安装牢固。由于插座始终是带电的，明装插座的安装高度距地面不低于 1.3m，一般为 1.5~1.8m。暗装插座允许低装，但距地面高度不低于 0.3m。

插座应正确接线，单相两孔插座为面对插座的右极接电源相线，左极接电源线。单相三孔及三相四孔插座为保护接地（零）极均应接在上方，如图 9-3 所示。

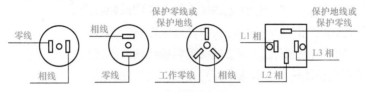

图 9-3 插座的接线方式

4 三孔插座

三孔插座的安装步骤为，在已预埋入墙中的导线端的安装位置上按暗盒的大小凿孔，并凿出埋入墙中的导线管走向位置。将管中导线穿过暗盒后，把暗盒及导线管同时放入槽中，用水泥砂浆填充固定平整，不能偏斜。将已埋入墙中的导线剥去 15mm 左右的绝缘皮后，接入插座接线桩中，拧紧螺钉，如图 9-4（a）所示。将插座用平头螺钉固定在开关暗盒上，压入装饰钮，如图 9-4（b）所示。

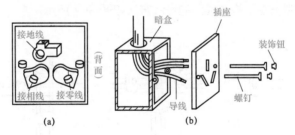

图 9-4 三孔插座的安装

5 二孔移动式插座

先在双股软线的一端连接好二极插头。接着拆开二孔移动式接线板，其内部结构示意图如图 9-5（a）所示，外部结构示意图 9-5（b）所示。然后剥去导线另一端的绝缘层，从接线板的进线口将两导线分别与接线柱连接，按原样放置好铜片，有压紧弹簧的应安好弹簧。检查后装好接线板盖，旋紧固定螺钉。

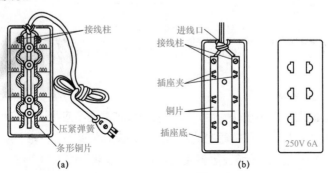

图 9-5 二孔移动式插座的结构示意图
(a) 内部示意图；(b) 外部示意图

6 三孔带地线移动式插座

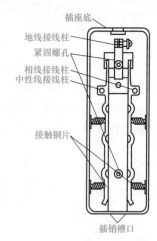

图 9-6　三孔带地线移动式插座的结构示意图

首先在 3 芯护套线的一端连接三极插头。注意，护套线中黄 / 绿双色的芯线要接插头上部中间的地线接线柱上。接着拆开带地线的移动式插座的接线板，其结构示意图如图 9-6 所示。然后，将 3 芯护套线软线的另一端剥去绝缘层，从进线口进入接线板，3 根芯线分别接到规定的接线柱上。连接插头地线销头的黄 / 绿双色线应接到接线板中间的地线接线柱上，连接插头中性线接地桩的芯线应接到接线板左边的中性线接线柱上，连接插头相线接线柱的芯线应接到接线板右边的相线接线柱上。检查后盖好接线板盖，对齐后再穿入螺钉并拧紧。

第 2 节　照明线路的安装技巧

7 瓷夹线路

瓷夹线路具有结构简单、布线费用少，安装维修方便等优点，但导线完全暴露在外面，容易遭受损坏，而且不美观，适用于户内干燥的场所。

（1）瓷夹线路的安装方法。瓷夹线路的安装方法如图 9-7 所示。

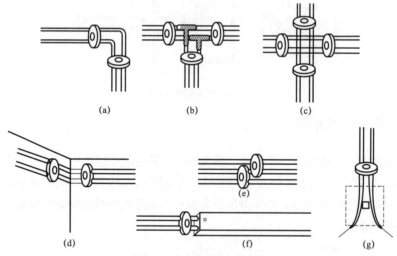

(a)　　　　　　　(b)　　　　　　　(c)

(d)　　　　　　　(f)　　　　　　　(g)

图 9-7　瓷夹线路的安装方法
(a) 同一平面转角；(b) 丁字分支；(c) 十字交叉；(d) 不同平面转角；
(e) 三线平行；(f) 进入木槽板；(g) 进入木台

（2）瓷夹线路的安装要求。

1）铜导线的线芯截面不应小于 1mm²，铝导线的线芯截面不应小于 1.5mm²。

2）导线在墙面上转弯时，应在转弯的地方装两副瓷夹，如图 9-7（a）所示。

3）导线分路时，应在连接处分装三副瓷夹。当有一根支路导线跨过干线时，干线上应加瓷管，瓷管的一端要靠住瓷夹，另一端靠住另一支路导线的连接处，如图 9-7（b）所示。

4）两条电路的四根导线相互交叉时，应在交叉处分装四副瓷夹。压在下面的两根导线应各套一根瓷管或硬塑料管，管的两端都要靠住瓷夹，如图9-7（c）所示。

5）导线在不同平面上转弯时，转角的前后也应各装一副瓷夹，如图9-7（d）所示。

6）三线平行时，每一支持点应装两副瓷夹，如图9-7（e）所示。

7）在瓷夹配线和木槽板配线的连接处，应装一副瓷夹，如图9-7（f）所示。

8）导线进入木台前，应装一副瓷夹，如图9-7（g）所示。

8 木槽板线路

木槽板线路具有整洁、安全等优点，但布线费用较高，适用于户内要求美观干燥的场所。

（1）木槽板线路的安装方法。木槽板线路的安装方法如图9-8所示。

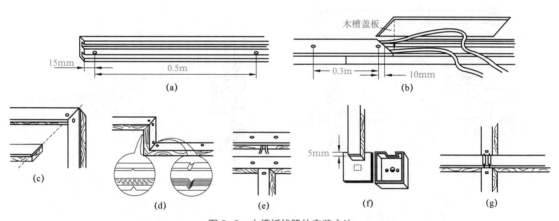

图9-8 木槽板线路的安装方法
(a) 直线部分的底板钉位；(b) 直线部分的盖板钉位；(c) 同一平面转角；
(d) 不同平面转角；(e) 丁字分支；(f) 进入木台；(g) 十字交叉

（2）木槽板线路的安装要求。

1）铜导线的线芯截面不应小于0.5mm²，铝导线的线芯截面不应小于1.5mm²。

2）木槽板所嵌设的导线应采用绝缘导线。每槽内只嵌设一根导线，而且不准有接头。

3）木槽板线路在穿越墙壁时，导线必须穿保护套管。

4）木槽板下沿或端口离地的最低距离为0.15m，线路在穿越楼板时穿越楼板一段及离地板0.15m以下部分的导线，应穿钢管或硬塑料管加以保护。

5）导线转弯时，应把木槽底、盖板的端口锯成45°角，并一横一竖地拼成直角，在拼缝两边的底、盖板上各钉上铁钉，如图9-8（c）所示。

6）导线在不同平面上转弯时，应根据转弯的方向把木槽底、盖板都锯成Ｖ形（不可锯断），应留出1mm厚的连接处，浸水后弯接，如图9-8（d）所示。

7）导线进入丁字形木槽板时，应在横装的木槽底板的下边开一条凹槽，把导线引出，嵌入竖装的木槽底板的两条槽中。然后，在凹槽两边的底盖板上以及拼接处各钉上一枚铁钉，如图9-8（e）所示。

8）嵌有导线的木槽板进入木台时，应伸入木台约 5mm。靠近木台的底、盖板上也应钉上铁钉，如图 9-8（f）所示。

9）两条电路的四根导线相互交叉时，应把上面一条电路的木槽底、盖板都锯断，用两根瓷管或硬塑料管穿套两根导线，跨过另一条导线的木槽板。断口两边的底，盖板上也要分别钉上铁钉，如图 9-8（g）所示。

9 塑料护套线路

塑料护套线路具有耐潮性能好、抗腐蚀能力强、线路整齐美观和布线费用少等优点，但导线的截面积较小，适用于户内、外一般场所和潮湿、有腐蚀性气体的场所。

（1）塑料护套线路的安装方法。塑料护套线路的安装方法如图 9-9 所示。

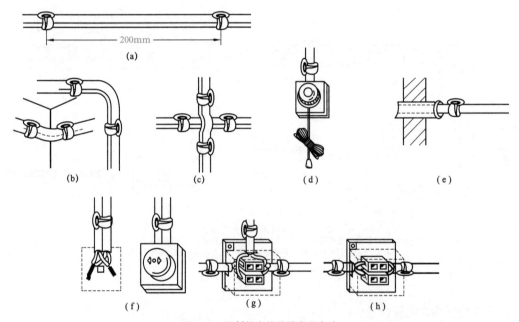

图 9-9　塑料护套线路的安装方法
(a) 直线部分；(b) 转角部分；(c) 十字交叉；(d) 进入木台；(e) 进入套管；(f) 在插座上进行中间接线或分支接线；
(g) 在接线盒上进行分支接线；(h) 在接线盒上进行中间接线

（2）塑料护套线路的安装要求。

1）对于户外线路，铜导线的线芯截面不应小于 $0.5mm^2$，铝导线的线芯截面不应小于 $1.5mm^2$。对于户内线路，铜导线的线芯截面不应小于 $1mm^2$，铝导线的线芯截面不应小于 $2.5mm^2$。

2）护套线必须采用专门的铝轧片进行支持。

3）在直线电路上，应每隔 200mm 用一枚铝轧片夹住护套线，如图 9-9（a）所示。

4）护套线转弯时，转弯的半径要大，以免损伤导线。转弯处要用两枚铝轧片夹住，如图 9-9（b）所示。

5）两根护套线相互交叉时，交叉处要用四枚铝轧片夹住，如图 9-9（c）所示。

6）护套线进入木台或套管前，应安装一枚铝轧片，如图9-9（d）、（e）所示。

7）护套线接头的连接应按图9-9（f）~（h）所示的方法进行。

第3节　照明装置的安装技巧

10　白炽灯的安装和故障检修技巧

（1）白炽灯原理和结构。白炽灯是一种热辐射光源，能量的转换效率很低，只有2%~4%的电能转换为眼睛能够感受到的光。但白炽灯具有显色性好、光谱连续、使用方便等优点，因而仍被广泛应用。白炽灯的外形如图9-10所示。

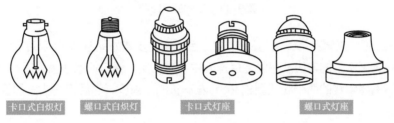

图9-10　白炽灯的外形

一只点亮的白炽灯的灯丝温度高达3000℃。正是由于炽热的灯丝产生了光辐射，才使电灯发出了明亮的光芒。因为在高温下一些钨原子会蒸发成气体，并在灯泡的玻璃表面上沉积，使灯泡变黑，所以白炽灯都被造成"大腹便便"的外形，这是为了使沉积下来的钨原子能在一个比较大的表面上弥散开。白炽灯的结构如图9-11所示。

（2）白炽灯的安装。白炽灯的安装有室外和室内之分，室内白炽灯的安装通常有吸顶式、壁式和悬吊式三种，如图9-12所示。

这两种方式大同小异，下面先介绍日常生活中最常用的软线悬吊式的安装方法，其他两种安装的方法也就随之而清楚了。下面是安装步骤及具体做法。

图9-11　白炽灯的结构

1—玻壳；2—灯丝（钨丝）；3—支架（钼丝）；4—电极（镍丝）；5—玻璃芯柱；6—杜美丝（铜铁镍合金）；7—引入线（铜丝）；8—抽气管；9—灯头；10—封端胶泥；11—锡焊接触端

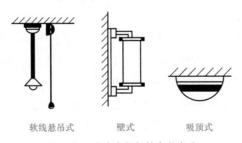

软线悬吊式　　壁式　　吸顶式

图9-12　室内白炽灯的安装方式

1）圆木的安装步骤。圆木的安装步骤，如图 9-13 所示。

步骤 1　先在准备安装吊线盒的地方打孔，预埋木枕或膨胀螺钉。

步骤 2　然后在圆木底面用电工刀刻两条槽，圆木中间钻三个小孔。

步骤 3　最后将两根电源线端头分虽嵌入圆木两边小孔穿出，通过中间小孔用木螺钉将圆木紧固在木枕上。

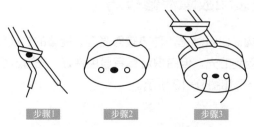

步骤1　　　　　步骤2　　　　　步骤3

图 9-13　圆木的安装步骤

2）安装吊线盒（以塑料吊线盒为例）。安装吊线盒的步骤如图 9-14 所示。

步骤 1　先将圆木上的电线从吊线盒底座孔中穿出，用木螺钉把吊线盒紧固在圆木上。

步骤 2　接着将电线的两个线头剥去 2cm 左右长的绝缘皮，然后将线头分别旋紧在吊线盒的接线柱上。

步骤 3　最后按灯的安装高度（离地面 2.5m），取一股软电线作为吊线盒的灯头连接线，上端接吊线盒的接线柱，下端接灯头。在离电线上端约 5cm 处打一个结，使结正好卡在吊线盒盖的线孔里，以便承受灯具重量将电线下端从吊线盒盖孔中穿过，盖上吊线盒盖就行了，如果使用的是瓷吊线盒，软电线上先打结，两根线头分别插过瓷吊线盒两棱上的小孔固定，再与两条电源线直接相接，然后分别插入吊线盒底座平面上的两个小孔里，其他操作步骤不变。

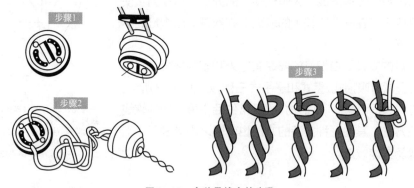

步骤1

步骤3

步骤2

图 9-14　安装吊线盒的步骤

3）安装灯头。旋下灯头盖子，将软线下端穿入灯头盖孔中，在离线头 3cm 处照上述方法打一个结，把两个线头分别接在灯头的接线柱上，如图 9-15 所示，然后旋上灯头盖子，相线应接在中心铜片相连的接柱上，否则容易发生触电事故。

4）安装拉线开关。安装拉线开关。控制白炽灯的开关，应串接在通往灯头的相线上，也就是相线通过开关才进灯头。一般拉线开关的安装高度距地面 2.5m，扳把开关距地面 1.4m，安装扳把开关时，开关方向要一致，一般向上接为"合"，向下扳为"断"。

安装拉线开关（或扳把开关）的步骤与做法跟安装吊线盒的步骤与做法大致相同。首先在准备安装开关的地方打孔，预埋木枕或膨胀螺钉。再安装圆木（将圆木刻两道槽，钻三个小孔，把两根电线嵌入槽，经两旁小孔穿出，用木螺钉固紧在木枕上），然后在圆木上安装开关底座，最后将相线接头、灯头与开关连接的那头分别接在开关底座的两个接线柱上，旋上开头盖即可。经过以上四个步骤，白炽灯的安装就基本完成，装完整的全套灯具如图 9-16 所示。

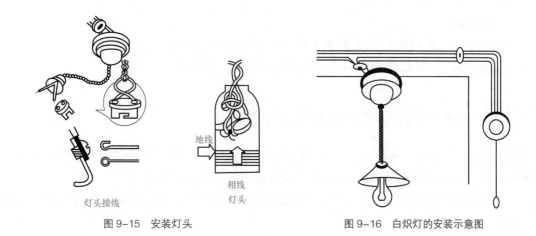

图 9-15　安装灯头　　　　　　　　图 9-16　白炽灯的安装示意图

（3）白炽灯安装的电路原理图。白炽灯安装的常见电路原理如图 9-17 所示。

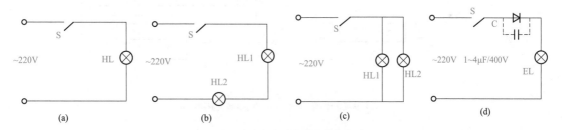

图 9-17　白炽灯安装的常见电路原理
(a) 一个灯泡原理图；(b) 两只灯泡串联使用；(c) 一个开关控制两个灯泡并联使用；(d) 节约电能灯泡连接

（4）白炽灯的故障检测方法。如果白炽灯不亮或发生故障，应从灯泡、电源电压和电路（导线、熔断器、开关）三部分去检查和修理。

1）灯泡不亮。其故障检测方法如下。

a）若是灯丝已断，则要更换新灯泡。

b）电源熔丝熔断时，应更换熔丝，并应依次检查：①灯座内两线是否短路；②灯座内中心触头与螺旋圈是否相碰短路；③线路中是否短路。

c）电源熔丝没有断时，则应检查：①灯头与灯座内的触头是否接触良好；②开关是否接触不良；③电源是否中断（停电）。

2）灯光暗淡。其故障检测方法如下。

a）灯泡内钨丝蒸发后积聚在玻璃壳内表面，使玻璃壳发黑，透光度减低。另一方面钨丝蒸发后变细，电阻增大，电流减小。

b）电源电压过低或离电源点太远。

c）线路绝缘不良，有漏电现象，致使电压过低。

3）灯泡强白。其故障检测方法如下。

a）灯丝短接（搭丝），从而电阻减小，电流增大。

b）电源电压与灯泡电压不符。

4）白炽灯忽亮忽暗或忽亮忽熄。其故障检测方法如下。

a）灯座、开关等处接触不良。

b）熔丝接触不良。

c）电源电压的变化或附近电动机等大容量用电设备起动造成瞬时电压降。

d）灯丝正好断在挂灯丝的钩子处，受振后忽接忽离，必须更换新灯泡。

11 荧光灯照明线路的安装和检测技巧

荧光灯也称为日光灯。传统型荧光灯即低压汞灯，是利用低气压的汞蒸气在通电后释放紫外线，从而使荧光粉发出可见光的原理发光，因此它属于低气压弧光放电光源。

（1）荧光灯的工作原理。荧光灯的工作原理如图9-18所示。现以普通镇流器接线图为例加以说明。

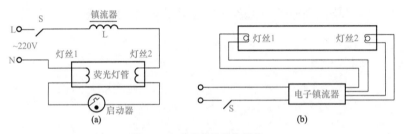

图9-18　荧光灯的工作原理
(a) 普通镇流器接线图；(b) 电子式镇流器接线图

当开关S接通时，电源220V相线L电压通过镇流器L和灯管灯丝2加到启辉器的两端。220V的电压立即使启辉器的惰性气体电离，产生辉光放电。辉光放电的热量使双金属片受热膨胀，辉光产生的热量使U型动触片膨胀伸长，跟静触片接通，于是镇流器线圈和灯管中的灯丝就有电流通过。电流通过镇流器、启辉器触极和两端灯丝构成通路。灯丝很快被电流加热，发射出大量电子。这时，由于启辉器两极闭合，两极间电压为零，辉光放电消失，管内温度降低。双金属片自动复位，两极断开。在两极断开的瞬间，电路电流突然切断，镇流器产生很大的自感电动势，与电源电压叠加后作用于管两端。灯丝受热时发射出来的大量电子，在灯管两端高电压作用下，以极大的速度由低电势端向高电势端运动。在加速运动的过程中，碰撞管内氩气分子，使之迅速电离。氩气电离生热，热量使水银产生蒸气，随之水银蒸气也被电离，并发出强烈的紫外线。在紫外线的激发下，管壁内的荧光粉发出近乎白色的可见光。

日光灯正常发光后。由于交流电不断通过镇流器的线圈，线圈中产生自感电动势，自感电动势阻碍线圈中的电流变化。镇流器起到降压限流的作用，使电流稳定在灯管的额定电流范围内，灯管两端电压也稳定在额定工作电压范围内。由于这个电压低于启辉器的电离电压，所以并联在两端的启辉器也就不再起作用了。

镇流器在启动时产生瞬时高压，在正常工作时起降压限流作用。启辉器中电容器的作用是避免产生电火花。

（2）荧光灯的部件识读。

1）荧光灯管。荧光灯管的外形如图 9-19 所示，荧光灯管的结构如图 9-20 所示。

图 9-19　荧光灯管的外形

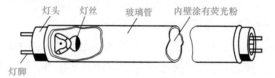

图 9-20　荧光灯管的结构

2）启辉器。启辉器是一个用来预热日光灯灯丝，并提高灯管两端电压，以点亮灯管的自动开关，启辉器的基本组成可分为：充有氖气的玻璃泡、静触片、动触片，动触片为双金属片，其如图 9-21 所示。

启辉器是通过利用高压导通灯管内部的汞蒸气，使灯管里的汞蒸气一经导通正常工作后，由于日光灯管的负阻特性，其两端电压低于启辉器放电管的电离电压，放电管双金属片分开保持断开状态。

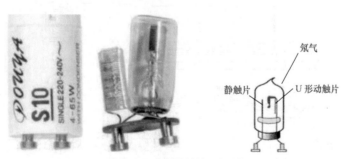

图 9-21　启辉器的外形和结构

3）镇流器。镇流器是日光灯上起限流作用和产生瞬间高压的设备，它是在硅钢制作的铁芯上缠漆包线制作而成，这样的带铁芯的线圈，在瞬间开、关上电时，就会自感产生高压，加在日光灯管的两端的电极（灯丝）上。这个动作是交替进行的，当启辉器（跳泡）闭合时，灯管的灯丝通过镇流器限流导通发热。当启辉器开路时，镇流器就会自感产生高压加在灯管的两端灯丝上，灯丝发射电子轰击管壁的荧光粉发光，启辉器反复几次通断，就会反复几次这样的动作，从而打通灯管。当灯管正常发光时，内阻变小，启辉器就始终保持开路状态，这样电流就稳定的通过灯管、镇流器工作了，使灯管正常发光。由于镇流器在日光灯工作时，始终有电流通过，所以容易产生振动，并且会发热，所以有镇流器的日光灯，特别是镇流器质量不好时，会产生很大的声音，用的时间长了，还容易烧毁。镇流器分电子镇流器和电感镇流器，镇流器的外形如图 9-22 所示。

图 9-22　镇流器的外形

a）荧光灯管是长形细管，光通量在中间部分最高。安装时，应将灯管中部置于被照面的正上方，并使灯管与被照面横向保持平行，力求得到较高的照度。

b）吊式灯架的挂链吊钩应拧在平顶的木结构或木楔上或预制的吊环上，才能可靠。

c）接线时，把相线接入控制开关，开关出线必须与镇流器相连，再按镇流器接线图（见图 4-9）连接。荧光灯安装实物图如图 4-10 所示。

d）当四个线头镇流器的线头标记模糊不清楚时，可用万用表电阻挡测量，电阻小的两个线头是副线圈，标记为 3、4，与启辉器构成回路；电阻大的两个线头是主线圈，标记为 1、2。

（3）荧光灯安装技巧。链吊式荧光灯的安装如图 9-23 所示。嵌入式荧光灯的安装如图 9-24 所示。

（4）荧光灯的故障检修和处理方法。

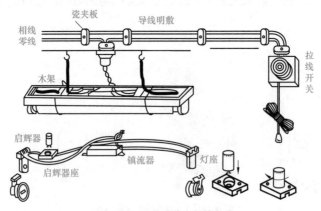

图 9-23　链吊式荧光灯的安装

1）灯管不能发亮。灯管不能发亮的故障检修和处理方法如下。

a）检查线路是否接触不良，注意灯座或辉光启动器座内的接触簧片，检查电路内部是否有线头松脱。

b）检查辉光启动器是否损坏，可将辉光启动器取下，用电线把辉光启动器座内的两个接触簧短路，若灯管两端发亮，则说明辉光启动器已坏掉，应更换。

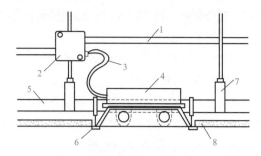

图 9-24　嵌入式荧光灯的安装
1—PVC 管；2—接线盒；3—护套软线；4—照明器具；5—大龙骨；6—T 形轻钢龙骨；
7—吊杆金属；8—轻质板

c）检查灯管是否损坏，用万用表测试灯丝是否已断。

d）检查镇流器内部是否断开。

e）检查电源是否有故障，如熔断器熔断、漏电保护器掉闸等。

2）灯管两端发光。灯管两端发光的故障检修和处理方法如下。

a）辉光启动器损坏，应予以更换。

b）气温过低，提高气温或加保温罩。

c）电源电压过低，不能起动。

d）灯管陈旧，寿命将终结，更换新管。

3）灯管发光后，灯光在管内旋转。灯管发光后，灯光在管内旋的故障检修和处理方法如下。这种情况一般是新灯管的暂时现象，开用几次或灯管两端对调，即可消失。

4）灯管闪烁忽亮忽灭。灯管闪烁忽亮忽灭的故障检修和处理方法如下。

a）可能是灯管质量问题，可以换新管试验。

b）可能是线路接触不良，检查各个触点。

c）可能是镇流器质量不好，可调换。

5）灯管两端发黑或生黑斑。灯管两端发黑或生黑斑的故障检修和处理方法如下。

a）灯管陈旧，需换新。

b）若是新灯管，可能是辉光启动器已经损坏了，请换辉光启动器。

c）灯管内水银凝结，起动后就能蒸发。

d）电源电压过高，请调低电压。

e）辉光启动器不好或接线不牢引起长时间闪烁，请接牢辉光启动器或调换辉光启动器。

f）镇流器配用规格不合适，请调换合适的镇流器。

6）灯管发光后立即熄灭。灯管发光后立即熄灭的故障检修和处理方法如下。

a）接线错误，灯丝烧断。

b）镇流器短路。

7）镇流器过热。镇流器过热的故障检修和处理方法如下。

a）灯具散热不好，请改善装置，适当通风散热。

b）镇流器内部线圈匝间短路，请更换新的镇流器。

c）电源电压过高，检查电源电压。

8）灯管使用寿命较短或早期端部发黑。灯管使用寿命较短或早期端部发黑的故障检修和处理方法如下。

a）可能是镇流器配用不当，或质量差，或内部短路，请更换新镇流器。

b）电源开关频繁操作，请减少开关次数。

c）辉光启动器工作不正常，使灯管预热不足，更换辉光启动器。

d）装置处振动太大，改善装置位置，减少振动。

9）灯管一端或两端发黑。可能是灯管的寿命将终结，更换新管。

10）电磁声较大或有杂声。电磁声较大或有杂声的故障检修和处理方法如下。

a）镇流器质量较差，或其铁芯未夹紧，请调换镇流器。

b）电源电压过高。

c）镇流器过载或内部短路。

d）辉光启动器质量不行。

12 碘钨灯的线路安装和故障检测技巧

（1）碘钨灯的识读。碘钨灯就是把碘充于白炽电灯中，能把蒸发下来的钨原子重新送回到钨丝上，这不仅控制了灯丝的升华，而且可以大幅度提高灯丝温度，发出与日光相似的光。这样制成的灯叫作碘钨灯。碘钨灯具有亮度高、寿命长的特点，一只 1000W 的碘钨灯相当于 5000W 普通灯泡的亮度。适用于车间、剧院、舞台、摄影棚、广场、会堂、建筑工地、车站、码头等场合。碘钨灯的外形，如图 9-25 所示。

图 9-25　碘钨灯的外形

（2）碘钨灯的结构。最常见的碘钨灯，有着像钢笔一样的细长身材。灯的主体是一根直径 10 ~ 12mm 的石英管，软化点高达 1700℃。中间是由钨丝绕成的灯丝，被支撑在也是钨丝绕成的支架圈上，灯丝两端由灯头引出以便接入电源，灯管外壁为耐高温的石英玻璃制成，灯管内填充适量的碘。灯丝上每隔一定距离用一个支撑圈托着灯丝，灯两端的长方形扁块是封接部分，用来保证既能导电，又不漏气。碘钨灯的结构，如图 9-26 所示。

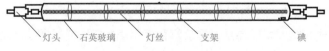

灯头　　石英玻璃　　　灯丝　　　　支架　　　　　　碘

图 9-26　碘钨灯的结构

（3）碘钨灯的安装。

1）灯丝较脆，避免剧烈震动和撞击。

2）务必把灯具开关接在相线上，避免触电。

3）安装碘钨灯时，必须把灯管装得与地面平行，一般要求倾斜度不大于 4°。

4）碘钨灯工作时，灯管的温度很高，管壁可高达 500 ~ 700℃，因此，灯管必须安装在专用的有隔热装置的金属灯架上，切不可安装在非专用的，易燃材料制成的灯架上。

5）灯架也不可贴装在建筑面上，以免因散热不畅而影响灯管寿命。

（4）碘钨灯的常见故障及检修方法。

1）通电后灯管不亮。

a）电源线路有断路处。应检查供电线路，恢复供电。

b）熔丝熔断。应更换同规格熔丝。

c）灯脚与导线接触不良。应重新接线。

d）开关有接触不良处。应检修或更换开关。

e）灯管损坏。应更换灯管。

f）因反复热胀冷缩使灯脚密封处松动，接触不良。应更换灯管。

2）灯管使用寿命短。

a）安装水平倾斜度过大。应调整水平倾斜度，使其在 4° 以下。

b）电源电压波动较大。应加装交流稳压器。

c）灯管质量差。应更换质量合格的灯管。

d）灯管表面有油脂类物质。应断电后，将灯管表面擦拭干净。

13 吊灯的安装技巧

（1）小型吊灯的安装。质量较轻的小型吊灯（3kg 及以下），可以用几只木螺钉将吊灯的底座固定在预先埋好的木砖上（不可污埋），如图 9-27 所示。

安装在木砖上做法吊灯切不可用塑料胀管垂直于楼板固定，因为塑料胀管长期受向下的拉力作用，容易脱出而造成灯具跌落事故。若必须用塑料胀管固定，则埋胀管孔的轴线必须与顶棚平面成不小于 200° 的角度。小型吊灯的安装方法如图 9-28 所示。

图 9-27　小型吊灯

安装方法如下。

1）在顶棚上打孔，敲入塑料胀管。

2）用木螺钉通过一字形铁板上长条孔，将一字形铁板紧固在顶棚上。

3）将全牙管拧进一字形铁板中 8 ~ 10mm，然后放入垫片，用六角螺母锁。

4）将吊链两端的链节撬开，挂进水晶头螺套和吊座。

5）将天房盖中孔穿进全牙管，然后将水晶头螺套拧进全牙管。

6）将灯体线穿过水晶头螺套，然后将灯体线其中一根与在一起用接线帽拧紧，再将另一根灯体线与中性线接起来（方法同上）。

7）将水晶头的调节螺母锁紧，使底盘紧靠顶棚。

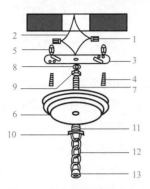

图 9-28 小型吊灯的安装方法

1—接线帽；2—灯体线；3—字形铁板；4—木螺钉；5—塑料胀管；6—天房盖；7—全牙管；8—垫片；9—六角螺母；10—水晶头调节螺母；11—水晶头螺套；12—吊链；13—水晶头

（2）大型吊花灯的安装。固定吊花灯的吊钩需预埋，其圆钢直径应不小于灯具吊挂销钉的直径，且不如吊花灯采用专用绞车悬挂固定，则应符合以下要求。

1）绞车的棘轮必须有可靠的闭锁装置。

2）绞车钢丝的抗拉强度不小于花灯质量的 10 倍。

3）钢丝绳的长度。当花灯放下时，距地面或其他物体不得小于 250mm，且灯线不受力。

4）吊装花灯的固定及悬挂装置，应做吊花灯质量 1.2 倍的过载起吊试验。

14 吸顶灯的安装方法

吸顶灯可以用木螺钉将其底座固定在预先埋好的木砖小型吸顶灯重量轻，可以用塑料胀管垂直于楼板固定。用塑料胀管固定吸顶灯做法如图 9-29 所示。

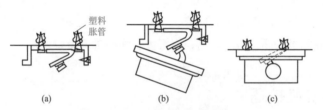

图 9-29 用塑料胀管固定吸顶灯做法

(a) 埋设塑料胀管、安装底座；(b) 安装灯泡和灯罩；(c) 安装后的吸顶灯

吸顶灯的安装方法如图 9-30 所示，安装方法如下。

（1）将电源线接入底盘的接线柱并用压线扣扣牢电源线。

（2）用 2 个（尺寸大的吸顶灯用 3 个）木螺钉将底盘（塑料件）安装在顶棚加强处（如装饰板木挡上）。

（3）将灯管安装在灯管支架上，并插好灯头。

（4）将灯罩嵌入底盘，按顺时针将灯罩旋紧到位即可。

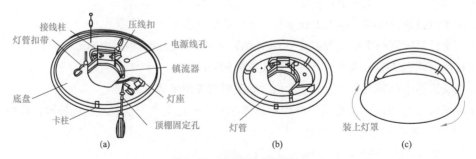

图 9-30 吸顶灯的安装方法

(a) 安装底座；(b) 安装灯管；(c) 安装灯罩

第10章
安全用电

第1节 触电的形式

当人体接触设备的带电部分，或接触带有不同电位的两点，就会构成电流通道，危及生命安全。时常发生的触电种类如下。

1 单相触电

在中性点接地的电网中，当人体触及一根相线（火线）时，会造成单相触电。在中性点不接地的电网中，如果线路的对地绝缘不良，也会造成单相触电。在触电事故中，大部分属于单相触电。例如，在使用电灯、电视机、电风扇等家用电器时，如果不注意安全，容易发生单相触电。

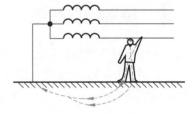

在中性点接地的 380/220V 电网中，单相触电示意如图10-1 所示。当人手接触相线时，人体将承受 220V 的相电压，电流流过人体、大地和中性点的接地装置形成闭合回路，造成触电事故。单相触电的特点如下。

图 10-1 单相触电示意图

（1）发生这种事故的次数最多，约占总触电事故 75%。

（2）部分发生在人的一只手接触一相带电体时。

（3）当低压电网中性点接地时，作用于人体的电压达 220V。

（4）当低压电网中性点不接地并且线路长度不大于 27km 时，触电电流不大于 30mA。

2 两相触电

如图 10-2 所示，无论电网的中性点是否接地，如果人体同时与两根相线接触，就会造成两相触电。电工在电杆上带电工作时所发生的触电事故大多数是两相触电。在相同电压等级下，两相触电的后果比单相触电更为严重。两相触电的特点如下。

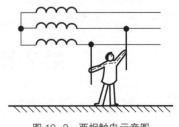

（1）发生这种事故的次数较少，约占总触电事故的 15%。

（2）大部分发生在人的两手同时接触两相带电的导线时。

（3）不论低压电网的中性点是否接地，皆可发生两相触电。

图 10-2 两相触电示意图

（4）作用于人体的电压达 380V。

3 跨步电压触电

如图 10-3 所示，当架空线路的一根带电导线断落在地上时，以落地点为中心，在地面上会形成不同的电位。如果此时人的两脚站在落地点附近，两脚之间就会有电位差，即跨步电压。由跨步电压引起的触电，称为跨步电压触电。线路电压越高，离落地点越近，跨步电压也越高，触电的危险性就越大。

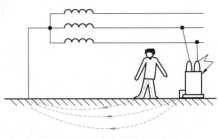

图 10-3 跨步电压触电示意图

当发觉跨步电压威胁时，应立即合拢双脚或用一只脚跳着离开危险区。

跨步电压触电的特点如下。

（1）发生这种事故的次数极少。

（2）发生在人的两只脚同时接触地面上带有不同电位的两点时。

（3）当接地点通过电流时，在地表面上呈现电位，电位随远离接地点而迅速下降，可绘成地面电位分柿曲线。

（4）跨步电压最大值可达 160V，随着远离接地点，跨步电压亦迅速降低。

4 接触电压触电

人体与电气设备的带电外壳相接触而引起的触电，称为接触电压触电。

如图 10-4 所示，当电气设备（如变压器、电动机等）的绝缘损坏而使外壳带电时，电流将通过接地装置注入大地，同时在以接地点为中心的地面上形成不同的电位。如果此时人体触及带电的设备外壳，便会发生接触电压触电。接触电压等于相电压减去人体站立点的地面电位，人体站立点离接地点越近，接触电压越小。反之，接触电压就越大。当电气设备的接地线断路时，人体触及带电外壳的触电情况与单相触电情况相同。接触电压触电的特点如下。

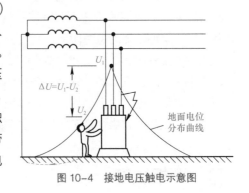

图 10-4 接地电压触电示意图

（1）人体与带电外壳相接触时称为接触电压触电。

（2）人体站立地点离接地点越近，则接触电压越小，反之，就越大。

（3）接触电压等于相电压减去人体站立点地面电压。当站立点距接地点 20m 以外时，地面电压趋于零，最大接触电压等于 220V。

第 2 节 电工安全和安全用电

5 电流对人体的伤害和影响伤害的因素

（1）电流对人体的伤害和影响伤害的因素有以下几点。

1）电对人体有电击和电伤两种类型的伤害。电击大多数发生在低压设备上，通过人体内部的电流约在几百毫安以下，能造成体内组织的破坏或功能失调。电伤一般发生在高压设备上，主要是造成人体外部的局部伤害，如电弧烧伤。电伤的电流一般大于几百毫安。这两种伤害也可能同时发生。

2）电流对人体的伤害程度，主要是与电流的大小有关。

3）通过人体电流的大小与接触电压成正比，与人体电阻成反比。人体电阻与接触部分的干湿程度有关，为 $400\sim5000\Omega$ 范围内。在考虑对人体的安全电压时，对特别危险的场合取人体电阻为 400Ω，一般取 $800\sim2000\Omega$。如通过人体的允许电流按照 30mA 考虑，对人体的安全电压相应为 12、24、36V 等。

4）引起人体心室颤动的现象除与电流大小有关外，还与通过电流的持续时间有关。当持续时间小于心脏跳动周期时（人体为 0.75s），允许电流可达几百毫安左右。当持续时间大于心脏跳动周期时，允许电流迅速下降至 50mA 以下。

5）通过人体电流的频率对触电伤害程度有很大的影响，在伤害程度相似的条件下，直流电流比交流电流允许约大 2 倍以上。

6）电流通过人体的途径不同，其对人体的伤害程度也有差异，其中以经过心脏的途径为最危险。

（2）电工安全知识如下。

1）电工必须接受安全教育，在掌握电工安全知识后，方可参加电工操作。

2）患有精神病、癫痫，心脏病、严重高血压以及四肢功能有严重障碍者，不能参加电工操作。

3）在安装、维修电气设备和线路时，必须严格遵守各种安全操作规程和规定。

4）电工在检修电路时，应严格遵守停电操作的规定，必须先拉下总开关，并拔下熔断器（保险盒）的插盖，以切断电源，才能操作。电工操作时，严禁任何形式的约时停送电。

5）为防止电路突然通电，电工在检修电路时，应采取如下预防措施。

a）操作前应穿好具有良好绝缘的胶鞋，不可赤脚或穿潮湿的布鞋，脚下应垫有干燥的木凳或木板，身上不可穿潮湿的衣服。

b）在已拉下的总开关上挂上"有人工作，不可合闸"的警告牌，以防他人误把总开关合上。同时，还要拔下用户保险盒的插盖。在动手检修前，还得用验电笔在电路上的带电触点（如开关和插座的接线桩头）上试测一下，验明电路上确实无电后，才可开始操作，如图 10-5 所示。

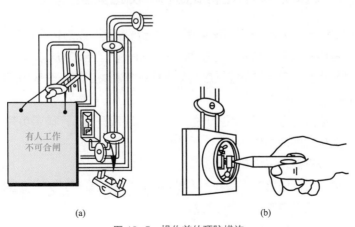

(a)　　　　　　　　　　　(b)

图 10-5　操作前的预防措施

c）在操作过程中，不可接触非木结构的建筑物，如砖墙、水泥墙或室内石灰平顶等，潮湿的木结构也不可触及。同时，不可同没有与大地绝缘的人接触。

d）在检修灯头时，应将电灯开关断开。在检修电灯开关时，应将灯泡卸下。在具体操作时，要坚持单线操作，并及时包扎接线头，防止人体同时触及两个线头，如图 10-6 所示。

e）在邻近带电部分进行电工操作时，一定要保持可靠的安全距离。

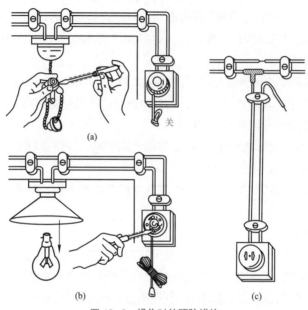

图 10-6　操作时的预防措施
(a) 检查灯头；(b) 检查开关；(c) 单线操作

第 3 节　防止触电的措施

触电事故往往是无意造成的，它可以在极短时间内造成严重后果。因此，对于触电事故应特别强调以预防为主，除思想高度重视外，还要依靠健全的组织措施和完善的技术措施。

6　全部停电和部分停电检修时应采取的安全措施

（1）停电（对所有能给检修部分送电的线路，要全部断开，以防突然来电）。

1）工作时需要停电的设备，必须把各方面的电源断开，且各方面至少有一个明显断开点（如隔离开关等）。为了防止反馈电源的可能，应将与停电设备有关的变压器从高低压两侧断开，柱上变压器应将高压熔断器管取下。

2）停电操作时，必须先停负荷，后拉开关，最后拉隔离开关，严防带负荷拉隔离开关。

3）线路作业，应停电的范围如下。

a）检修线路的出线开关及联络开关。

b）可能将电源返至检修线路的所有开关（如自备发电机的联络开关、低压闭式开关等）。

c）在检修线路工作范围内的其他带电线路。

（2）验电（证明已停电线路确实无电的有效措施）。

1）验电时，必须使用电压等级相符、试验期限有效的合格验电器。验电前应先将验电器在带电的设备上检验，以确定是否良好。验电工作应在施工或检修设备的进出线的各相进行。

2）高压验电必须戴绝缘手套。35kV 及以上的电气设备，可使用绝缘棒验电，根据绝缘棒端有无火花放电的噼啪声来判断有无电压。

3）500V 及以下的设备，可使用低压验电器（笔）或白炽灯检验有无电压。

4）线路的验电应逐相进行。检修联络开关或隔离开关时，应在其两侧验电。

5）同杆架设的多层电力线路进行验电时，先验低压，后验高压，先验下层，后验上层。

6）表示设备断开的常设信号（如经常接入的电压表和其他信号指示），只能作为参考，不能以此作为设备无电的根据，但如果指示有电，则禁止在该设备上进行工作。

（3）装设接地线（防止突然来电的安全措施）。

1）验电前，应先准备好接地线，并将其接地端先接接地极设备确认无电后，立即将检修设备接地并三相短路。

2）对于可能送电至停电设备的各方面（包括线路的各支路设备可能产生感应电压的，都要装设接地线。接地线应装设在工作能看见的地方。

3）接地线与检修部分之间不应连接有开关或熔断器。

4）装设接地线必须先接接地端，后接导电端。拆接地线时相反。装拆接地线均应使用绝缘棒或戴绝缘手套。

5）接地线必须使用专用的线夹固定在导线上，禁止用缠绕的，以免短路。

6）接地线应用多股软裸铜导线，其截面应符合短路电流热稳定的要求，应小于 $2mm^2$。接地线每次使用前应进行检查，不应使用导线做接地线。

7）装设接地线处应悬挂"已接地"的标示牌。工作完毕后，送电前应拆除接地线，防止带地线合闸事故。

8）装接地线工作必须由两人进行，一人工作，一人监护。

（4）装设遮栏。在部分停电检修时，应将带电部分遮拦起来，使检修工作人员与带电导体（裸导体）之间保持一定的距离。人与带电导体之间的最小距离，可参考表 10-1 所列的数值。

表 10-1	人与带电导体之间的最小距离		m
电压（kV）	0.38	10	35
装设遮栏		0.35	0.5
不设遮栏	0.1	0.7	1.0

（5）悬挂标示牌（防止误合闸的安全措施）。

1）在一经合闸即可送电到工作地点的开关或隔离开关的操作把手上，均须悬挂"禁止合闸，有人工作！"的标示牌。

2）在变、配电所外线工作，其控制设备在室内，则应在控制线路的开关或隔离开关操作把手上悬挂"禁止合闸，线路上有人工作！"的标示牌。标示牌的数量，应与参加工作的班组数相同。

3）在室外架构上工作，应在工作地点邻近带电部分的横梁上悬挂"止步，高压危险！"的标示牌。在邻近其他可能误登的架构上，应悬挂"禁止攀登，高压危险！"的标示牌。

7 低压电网中性点不接地

如图 10-7 所示，低压电网在中性点不接地时，电网对地是绝缘的，因此，当人体单相触电时，接触电压一般不超过 10V，对人体没有危险。这时通过人体的电流约等于电网的对地电容电流，并可以按下列公式进行计算

$$I_D = UL/350$$

式中　I_D——单相接地电容电流（mA）；

　　　U——低压电网线电压（V）；

　　　L——低压电网线路总长度（km）。

对于 380V 低压电网，线路的总长度不超过 27km 时，按上式计算求得的电容电流不超过 30mA。如果人体的允许电流按 30mA 考虑，当低压电网的线路总长度不超过 27km，而线路对地的绝缘电阻又不小于 100kΩ 时，单相触电可以认为是安全的。

在中性点不接地的低压电网中，如果绝缘损坏而发生单相接地，则未接地相导线对地电压将升高到线电压。如果这时有人触电，则触电电压将由 220V 升高到 380V，会增加触电的危害。因此，中性点不接地的低压电网是不允许单相接地长期存在的。但是，由于单相接地电流不大，不足以使熔丝熔断，为此必须设置必要的绝缘监视装置。低压电网常用的绝缘监视方法是安，装三只高内阻的电压表，如图 10-8 所示。在正常情况下，三只电压表的读数均为相电压 220V 左右，当某一相接地时，该相电压将降低为零，另两相电压则升高到线电压 380V，由此可以达到绝缘监视的目的。也可以简单地用三只低压验电笔来代替上述三只电压表，从氖管的辉光亮度来判断线路的绝缘是否正常。当某相上安装的验电笔氖管不亮时，表示该相已接地。

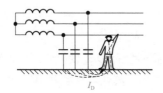
图 10-7　低压电网中性点不接地时的单相触电

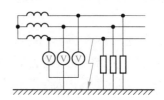
图 10-8　低压电网的绝缘监视

在中性点不接地的电网中，为了防止变压器绝缘损坏后高压窜入低压的危险（或高压线路导线断线后碰在低压电网上），应在低压电网中性点上安装击穿保险器或低压避雷器等保护元件。

8 保护接地和接零

（1）保护接地。保护接地就是把电力设备（或电气设备）的金属外壳直接接地。这时如果设备的绝缘损坏，而使外壳带电，则可通过接地装置将单相短路电流引入大地，从而减少了人体接触带电外壳时的危险性。

在中性点不接地的低压电网中，如果对电力设备采用保护接地，可以大大降低人体在接触电力设备带电外壳时的接触电压，即使在线路总长度超过预定标准或线路绝缘电阻较低、电容电流和漏电电流较大的情况下，也可保证接触带电外壳人的生命安全。具有保护接零和领先重复接地的电压电网，如图 10-9 所示。

（2）保护接零。保护接零就是把电力设备的金属外壳直接接零线。如前所述，保护接地在中性点不接地的低压电网中，其降低接触电压的效果是非常显著的，但是在中性点接地的低压电网中，这种效果并不显著。由计算可知，在采用保护接地后，仅能将接触电压降低为原来的 50% 左右。同时由于在接地回路中，接地电阻不可能做得太小，因此单相短路电流很少能超过 30A，一般要求熔断器熔体的额定电流小于短路电流的 1/4 倍。这样对于熔体的额定电流大于 7A 以上的熔断器，28A 的短路电流将不能使熔体迅速熔断，设备上的危险电压会较长时间的存在。

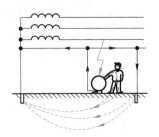

图 10-9　保护接地

对中性点直接接地的三相四线制低压电网，凡因设备绝缘损坏而可能使金属外壳带电部分均宜接零。由于零线的电阻很小，所以短路电流很大，将使电路的保护装置（包括熔断器和自动开关）迅速切断电源，以达到保护触电者人身安全的目的。在干燥的房间，如导电性很差的地面（木制或沥青地面等），可适当放宽接零的要求。

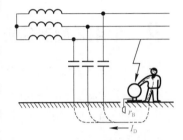

图 10-10　具有保护接零和零线重复接地的低压电网

当电力设备的外壳在接零后，再将零线重复接地，则效果较为理想。可以使接触电压进一步得到降低。具有保护接零和零线重复接地的低压电网工作原理，如图 10-10 所示。

具有保护接零和零线重复接地的低压电网有下列的特点和要求。

1）可以增大单相短路电流，只要线路在允许长度内，可以使保护装置迅速切断电源。

2）在保护接零的低压电网中，如果不将零线作重复接地，在零线断开的情况下，若在断开点以后的接零设备上发生单相碰壳，由于零线回路已不通，全部故障电流将通过接触带电外壳的人体流入大地回路，如图 10-11 所示。且在零线断开点以后的所有接零设备外壳上（包括绝缘良好的设备），都将出现 220V 的对地电压。这是非常危险的和不允许的。因此，在保护接零的低压电网中，重复接地是不可少的，特别是在线路的终端和分支线终端重复接地更为重要。

3）在保护接零的低压电网中，如果不将零线作重复接地，在零线断开的情况下，若三相负荷不平衡（例如仅一相用电见图 10-12)，负荷电流将全部通过接触带电外壳的人体流入大地回路。且在零线断开点以后的所有接零设备外壳上都带有危险电压。

图 10-11　无重复接地时零线断线的危险情况

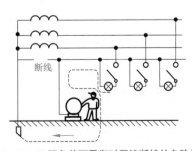

图 10-12　三相负荷不平衡时零线断线的危险情况

4）在三相四线制的中性点直接接地的同一低压电网中，不允许在一部分设备上采用保护接零，而另一部分设备上采用保护接地。否则，当在保护接地的设备上绝缘损坏而发生单相接地时，如前所述，由于保护装置可能不动作，不但使直接接触该设备外壳的人的生命安全受到威胁，更严重的是将使所有接零设备外壳的对地电压升高，这样做的结果，反而增加了触电的危险性。但是在某一台设备上采用同时接零和接地则是允许的。

5）在公用的低压电网上运行的电力设备，为了避免在部分设备上采用保护接地，而在另一部分设备上采用保护接零可能带来的危害，所以均应采用保护接地的措施。

9 采用隔离变压器和低压触电保安器

（1）采用隔离变压器。采用隔离变压器可以在局部范围内避免触电事故的发生（图 10-13 所示为 220V/220V 隔离变压器），由于隔离后的线路和用电设备对地是绝缘的，且对地分布电容极小，因此当人体接触一根带电导线时，是不会触电的。但是要防止人体同时接触二根带电导线时的触电危险。

为了避免在变压器二次侧发生二线间的触电，隔离变压器二次侧可采用安全电压，如 220/36V 等，如图 10-14 所示。这种变压器也称为安全变压器，常用于照明行灯和理发等用电器具。

人体脱离带电体后，保安器又自动将电源接通，因此，可以减少停电的时间。

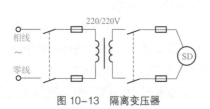

图 10-13　隔离变压器

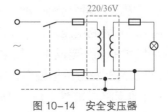

图 10-14　安全变压器

（2）安装低压触电保安器。安装低压触电保安器，是一种有效的触电保护措施。触电保安器分为电压型和电流型两大类。电压型的种类很多，它们是利用中性点的位移电压来触发继电器动作的（包括利用从中性点与大地间流过的零序电流来触发继电器动作）。这种保安器能使变压器低压电网全部列入保护范围，因此在动作时，停电的范围较大。

第 4 节　触电急救

触电的现场急救，是在抢救触电人过程中的一个关键，如处理得及时和正确，就能使许多因触电而呈"假死"的人获救。反之，必然带来不可弥补的后果。因此，急救技术不仅是医务人员必须熟练掌握，其他人也应熟悉和掌握。

10 迅速脱离电源

使触电人很快脱离电源，是救活触电人的首要因素，其具体做法如下。如果开关距离触电地点很近，应迅速地拉开开关，切断电源。

如果开关距离触电地点很远，可用绝缘手钳或用带有干燥木把的斧、刀、铁锹等把电线切断。要注意切断的电线，不可触及人体。

当导线搭在触电人身上，或压在身下时，可用干燥的木棒、木板、竹竿和其他带有绝缘柄的工具，迅速地将电线挑开。但千万不能使用任何金属棒或潮湿的东西去挑电线，防止抢救人员也触电。

如果触电人的衣服是干燥的，而且并不紧缠在身上时，救护人可站在干燥的木板上用一只手（千万不要用两只手）拉住他的衣服把他拉离带电体（高压不适用），但不要触及触电人的皮肤，也不可拉他的脚（因为触电人的鞋子可能是湿的，或者鞋上有钉子，都能导电）。

如果人在较高的地点触电，须采取保护措施，防止切断电源后，触电人从高处摔下来。

当有人在高压线路上触电时，应迅速拉开开关，或用电话通知当地电业管理部门停电。如不能立即切断电源，可用一根较长的金属线，先将其一端绑在金属棒上打入地下，然后将另一端绑上一块石头，掷到带电导体上，造成人为的线路短路停电。抛掷时应特别注意，必须离开触电人一段距离，以免抛出的金属线落到他身上。另外，抛掷者抛出线以后，要迅速躲离，以防碰触抛在带电导线上的线。

11 确定急救的方法

当触电人脱离电源后，应根据其具体情况，迅速作对症救治，同时派人请医生来处理。

如果触电人的伤害并不严重，神志还清醒，只是有些心慌，四肢发麻，全身无力。或虽曾一度昏迷，但未失去知觉者，都要使之安静休息，不要走路，并作严密地观察。

如果触电人的伤害情况较严重，无知觉，无呼吸，但心脏有跳动，应采用口对口人工呼吸法抢救。如虽有呼吸，但心脏停止跳动，则应采用人工胸外心脏挤压法抢救。如果触电人伤害得很严重，心跳和呼吸都停止，人已失去知觉，则需采用口对口人工呼吸和人工胸外心脏挤压两种方法同时进行。如现场仅有一人抢救时，可交替使用这两种方法，先行心脏挤压 4 ~ 8 次，然后暂停，代以口对口吹气 2 ~ 3 次，再行心脏挤压，如此循环连续操作。

人工呼吸应尽可能就地施行，只有在威胁安全时，才可将触电者抬到安全地方进行急救。在运送医院途中，也不能停止做人工呼吸，进行抢救。

12 触电救护

（1）触电不太严重时的救护。触电者脱离电源后，如果神志清醒，只是感到心慌，四肢发麻，全身无力。或者是一度昏迷，但很快就恢复了知觉，应使触电者在空气流通的地方静卧休息一二小时，不要走动，让他自己慢慢恢复正常，并注意观察病情变化。

（2）触电严重时的救护。如果发现触电者已停止呼吸，应毫不迟疑地进行人工呼吸。如果呼吸停止，心脏也已停止跳动，就应同时采用人工呼吸和心脏挤压两种方法进行抢救。抢救工作必须长时间地坚持进行，即使在送往医院途中也不能停止。在医生未确认触电者真正死亡之前，切勿轻易放弃。在抢救过程中不能乱打强心针，否则会增加对心脏的刺激，加快死亡。

1）人工呼吸法。将触电者伸直仰卧在空气流通之处，先解开他的领口、衣服、裤带，再将其头部尽量后仰，鼻孔朝天，以利于呼吸道的通畅。如图 10-15 所示，救护人员用一只手捏紧触电者的鼻孔，用另一只手的拇指和食指掰开其嘴巴，先取出嘴里的东西，如假牙、食物等，然后紧贴触电者的口吹气约 2s，使触电者胸部扩张，接着放松口鼻，使其胸部自然地缩回排气约 3s。如此吹气和放松，连续不断地进行。到触电者出现好转的象征（如眼皮闪动和嘴唇微动）时，应暂停人工呼吸数秒钟，让其自行呼吸。如果还不能完全恢复呼吸，应继续进行人工呼吸，直到能正常呼吸为止。

如果救护人员掰不开触电者的嘴巴，可以捏紧其嘴巴，紧贴着触电者的鼻孔吹气和放气。口对口（或口对鼻）人工呼吸法简便有效，并且不影响心脏挤压法的进行。

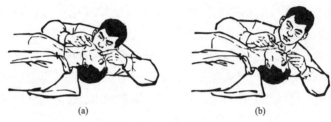

图 10-15　口对口人工呼吸
(a) 吹气；(b) 放气

2）心脏挤压法。将触电者伸直仰卧，躺在比较坚实的地方，如木板，硬地上。救护人员在触电者一侧，将一手的掌跟放在触电者的胸骨下端，如图 10-16（a）所示，另一只手叠于其上，如图 10-16（b）所示，靠救护人员上身的体重，向胸骨下端用力加压，使其陷下 3cm 左右，如图 10-16（c）所示，随即放松（注意手掌不要离开胸壁），让胸廓自行弹起，如图 10-16（d）所示。如此有节奏地进行挤压，每分钟约 60～80 次。抢救儿童时，可用一只手挤压，每分钟约 90 次。挤压时用力不要过猛，防止压断肋骨，并注意不要压在胃上，防止把食物压出堵住气管。急救如有效果，触电者的肤色即可恢复，瞳孔缩小，颈动脉搏动可以摸到，恢复自发性呼吸。

心脏挤压法可以与人工呼吸法同时进行。如果有两人救护，可同时采用两种方法。如果只有一人救护，可交替采用两种方法，先挤压心脏四次或五次，再吹一次气，如此反复进行。

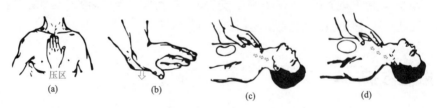

图 10-16　心脏挤压法